高等学校“十二五”规划教材·计算机软件工程系列

数据库系统设计与实践

主　编　王霓虹
副主编　张锡英　徐悦竹

哈爾濱工業大學出版社

内容简介

本书将数据库程序设计理论与具体实践相结合，简要介绍了设计过程，对三种主流数据库产品（Oracle、SQL Server 和 DB2）进行了介绍，并以企业供产销管理系统的设计与实现和企业 ERP 系统的设计与实现为例，详尽介绍了数据库应用系统的分析、设计和实现的过程，最后给出了几个案例需求，作为数据库系统实践设计的参考题目。

本书可作为高等院校计算机及软件工程等相关专业数据库课程设计的教材，也可供从事数据库开发与应用的工程技术人员参考使用。

图书在版编目（CIP）数据

数据库系统设计与实践/王霓虹主编. —哈尔滨：
哈尔滨工业大学出版社，2012.7（2017.10 重印）
ISBN 978－7－5603－3449－3

Ⅰ.①数… Ⅱ.①王… Ⅲ.①数据库系统-程序设计
Ⅳ.①TP311.13

中国版本图书馆 CIP 数据核字（2011）第 258540 号

策划编辑 王桂芝 赵文斌
责任编辑 王桂芝 宋福君
出版发行 哈尔滨工业大学出版社
社　　址 哈尔滨市南岗区复华四道街 10 号 邮编 150006
传　　真 0451－86414749
网　　址 http://hitpress.hit.edu.cn
印　　刷 哈尔滨圣铂印刷有限公司
开　　本 787mm×1092mm 1/16 印张 11 字数 280 千字
版　　次 2012 年 7 月第 1 版 2017 年 10 月第 2 次印刷
书　　号 ISBN 978－7－5603－3449－3
定　　价 28.00 元

高等学校“十二五”规划教材

计算机软件工程系列

◎序

Foreword

随着计算机软件工程的发展和社会对计算机软件工程人才需求的增长,软件工程专业的培养目标更加明确,特色更加突出。目前,国内多数高校软件工程专业的培养目标是以需求为导向,注重培养学生掌握软件工程基本理论、专业知识和基本技能,具备运用先进的工程化方法、技术和工具从事软件系统分析、设计、开发、维护和管理等工作能力,以及具备参与工程项目的实践能力、团队协作能力、技术创新能力和市场开拓能力,具有发展成软件行业高层次工程技术和企业管理人才的潜力,使学生成为适应社会市场经济和信息产业发展需要的"工程实用型"人才。

本系列教材针对软件工程专业"突出学生的软件开发能力和软件工程素质,培养从事软件项目开发和管理的高级工程技术人才"的培养目标,集9家软件学院(软件工程专业)的优秀作者和强势课程,本着"立足基础,注重实践应用;科学统筹,突出创新特色"的原则,精心策划编写。具体特色如下:

1. 紧密结合企业需求,多校优秀作者联合编写

本系列教材编写在充分进行企业需求、学生需要、教师授课方便等多方市场调研的基础上,采取了校企适度联合编写的做法,根据目前企业的普遍需要,结合在校学生的实际学习情况,校企作者共同研讨、确定课程的安排和相关教材内容,力求使学生在校学习过程中就能熟悉和掌握科学研究及工程实践中需要的理论知识和实践技能,以便适应就业及创业的需要,满足国家对软件工程人才的需要。

2. 多门课程系统规划,注重培养学生工程素质

本系列教材精心策划,从计算机基础课程→软件工程基础与主干课程→设计与实践课程,系统规划,统一编写。既考虑到每门课程的相对独立性、基础知识的完整性,又兼顾到相关课程之间的横向联系,避免知识点的简单重复,力求形成科学、完整的知识体系。

本系列教材中的《离散数学》、《数据库系统原理》、《算法设计与分析》等基础教材在引入概念和理论时,尽量使其贴近社会现实及软件工程等学科的技术和应用,力图将基本知识与软件工程学科的实际问题结合起来,在具备直观性的同时强调启发性,让学生理解所学的

知识。《软件工程导论》、《软件体系结构》、《软件质量保证与测试技术》、《软件项目管理》等软件工程主干课程以《软件工程导论》为线索，各课程间相辅相成，互相照应，系统地介绍了软件工程的整个学习过程。《数据结构应用设计》、《编译原理设计与实践》、《操作系统设计与实践》、《数据库系统设计与实践》等实践类教材以实验为主题，坚持理论内容以必需和够用为度，实验内容以新颖、实用为原则编写。通过一系列实验，培养学生的探究、分析问题的能力，激发学生的学习兴趣，充分调动学生的非智力因素，提高学生的实践能力。

相信本系列教材的出版，对于培养软件工程人才、推动我国计算机软件工程事业的发展必将起到积极作用。

王义和

2011 年 7 月

◎前 言

Preface

数据库原理是一门应用性很强的专业课,在学习时必须注重理论与实践相结合。目前,正式出版的《数据库系统原理》都偏重原理性的内容,而对实践内容涉及较少。本教材作为课程的实习实践用书,采用理论和实践相结合的方法,指导学生进行课程设计。目的是通过实践使学生经历一个数据库设计的全过程和得到一次综合的训练,以便能较全面地理解、掌握和综合运用所学的知识。本书是《数据库原理与应用》课程的配套教材,可以作为任何一本《数据库原理与应用》课程的的实习实践用书配套使用,又可以作为数据库相关的课程设计参考用书。本书可作为高等院校计算机及软件工程等相关专业数据库课程设计的教材,也可供从事数据库开发与应用的工程技术人员、科研人员以及其他有关人员参考使用。

本书共分5章。第1章数据库设计,介绍了数据库应用系统设计的步骤、相关方法和技术。第2章数据库管理系统简介,介绍了三种主流数据库产品:Oracle、SQL Server 和 DB2 的体系结构、特点和适用领域。第3章企业供产销管理系统的设计与实现和第4章企业 ERP 系统的设计与实现,介绍了两个数据库应用系统的需求说明、数据库设计与实现、用户界面设计概要、数据库实施与维护的完整过程。第5章案例需求,介绍了颉特计算机科技公司办公自动化系统设计、高校科研工作量申报核算系统设计、基于 Web 的信息调查与反馈系统设计、在线人才招聘系统设计、数据库课程自动答疑系统设计5个案例。附录中分别介绍了 B/S 和 C/S 模式下人力资源系统实现核心代码。

本书特点:以案例带动知识点,诠释实际项目的设计理念,使读者可举一反三。案例典型,切合实际应用,使读者身临其境,有助于快速进入开发状态。

本书由东北林业大学王霓虹、张锡英,哈尔滨工程大学徐悦竹,哈尔滨大学魏凤梅共同编写完成,其中王霓虹任主编,张锡英和徐悦竹任副主编。全书由张锡英统稿。具体编写分工如下:王霓虹负责第1章、第5章的5.1、5.2和5.5的编写,张锡英负责第2章、第5章的5.3和5.4的编写,徐悦竹负责第4章和附录的编写,魏凤梅负责第3章的编写。

由于作者水平有限,疏漏和不足之处在所难免,敬请读者批评指正。

编 者

2012年5月

◎目 录

Contents

目录 Contents

第 1 章

数据库设计

学习目标 通过本章的学习，掌握数据库设计的各阶段的方法和过程，通过相关实例掌握数据库设计的各个环节，为课程设计打下坚实基础。

1.1 数据库设计概述

数据库设计是指对于一个给定的应用环境，构造最优的数据库模式，建立数据库及其应用系统，使之能够有效地存储数据，满足各种用户的应用需求(信息要求和处理要求)。

数据库设计是硬件和软件的结合。数据库应用系统的设计包括两部分:

(1)结构设计:就是设计各级数据库模式，决定数据库系统的信息内容。

(2)行为设计:它决定数据库系统的功能，是事务处理等应用程序的设计。

根据系统的结构和行为两方面特性，系统设计开发分为两个部分:一部分是作为数据库应用系统核心和基石的数据库设计;另一部分是相应的数据库应用软件的设计开发。这两部分是紧密相关、相辅相成的，它们组成统一的数据库工程，如图 1.1 所示。

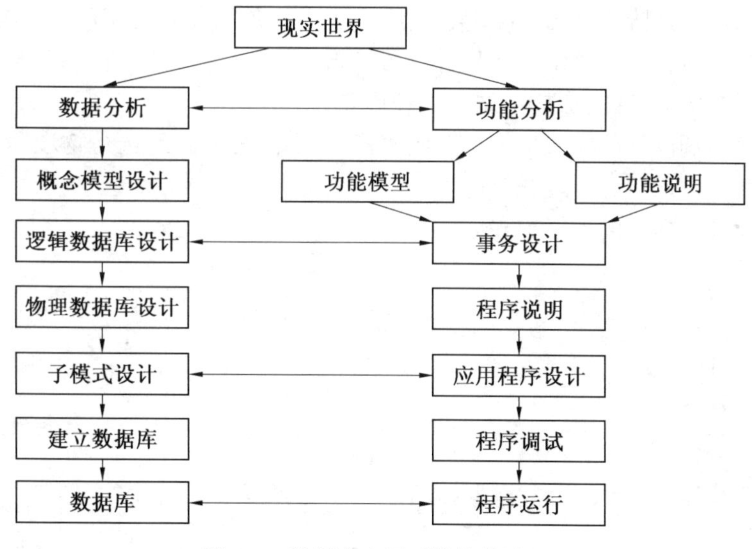

图 1.1 数据库应用系统的设计

1.1.1 数据库设计步骤

按照规范设计法的要求，目前公认的数据库设计由以下 6 步组成。

(1)需求分析阶段

需求收集和分析,结果得到数据字典描述的数据需求和数据流图描述的处理需求。

(2)概念结构设计阶段

通过对用户需求进行综合、归纳与抽象,形成一个独立于具体的数据库管理系统的概念模型,可以用 E-R 图表示。

(3)逻辑结构设计阶段

将概念结构转换为某个 DBMS 所支持的数据模型(例如关系模型),并对其进行优化。

(4)物理设计阶段

为逻辑数据模型选取一个最适合应用环境的物理结构(包括存储结构和存取方法)。

(5)数据库实施阶段

运用 DBMS 提供的数据语言(例如 SQL)及其宿主语言(例如 C),根据逻辑设计和物理设计的结果建立数据库,编制与调试应用程序,组织数据入库,并进行试运行。

(6)运行和维护阶段

数据库应用系统经过试运行后即可投入正式运行。在数据库系统运行过程中必须不断地对其进行评价、调整与修改。

1.1.2 数据库设计过程中的各级模式

数据库的模式设计也是由数据库设计的各个阶段完成的,具体体现在概念结构设计、逻辑结构设计和数据库物理设计 3 个阶段。

在概念结构设计阶段由系统分析设计人员将需求分析的结果进行综合、归纳与抽象,形成独立于机器特点,独立于各个 DBMS 产品的概念模式(如 E-R 图)。

在逻辑结构设计阶段将 E-R 图转换成具体的数据库产品支持的数据模型,如关系模型,形成数据库逻辑模式;逻辑结构设计阶段还根据用户处理要求、安全性的考虑,在基本表的基础上建立必要的视图,形成数据库的外模式。

在数据库物理设计阶段根据 DBMS 特点和应用处理的需求,进行物理存储的安排、建立索引等存储路径,形成数据库内模式。

数据库设计过程中的各级模式如图 1.2 所示。

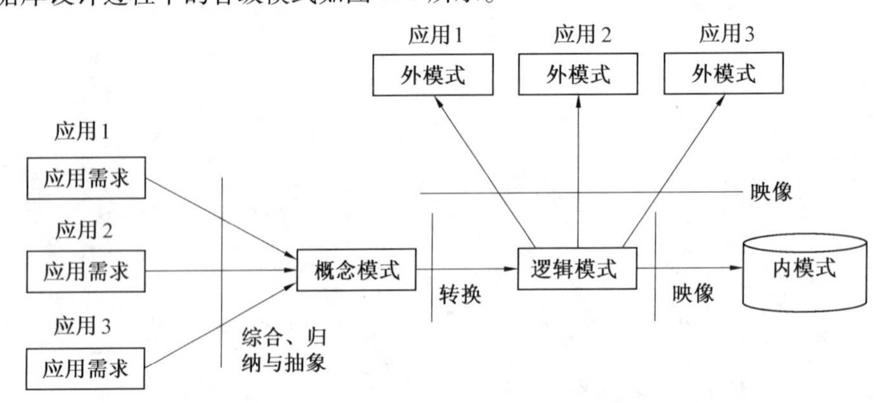

图 1.2 数据库设计过程中的各级模式

1.2 需求分析

需求分析是数据库设计的第一阶段,本阶段所得的结果是下一阶段——系统的概念结构设计的基础。如果需求分析有误,则以它为基础的整个数据库设计将成为毫无意义的工作。需求分析也是数据库设计人员感觉最繁琐和困难的一步。

数据库需求分析和一般信息系统的系统分析基本上是一致的。但是数据库需求分析所收集的信息,却要详细得多,不仅要收集数据的型(包括数据的名称、数据类型、字节长度等),还要收集与数据库运行效率、安全性、完整性有关的信息,包括数据使用频率、数据间的联系以及对数据操纵时的保密要求等。

需求分析的任务是详细调查现实世界要处理的对象(组织、部门、企业等),充分了解原系统(手工系统或计算机系统),明确用户的各种需求,确定新系统的功能,并充分考虑今后可能的扩充和改变,需求分析的过程如图1.3所示。

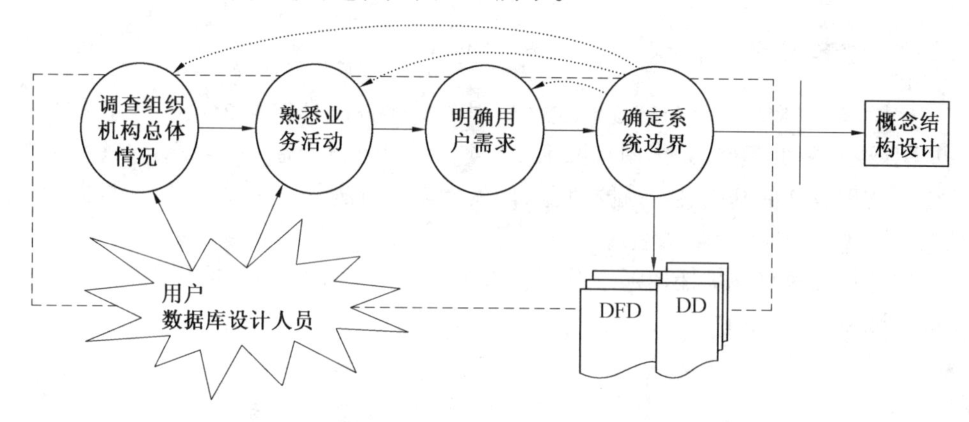

图1.3 需求分析的过程

1.2.1 需求调查

需求调查是指为了彻底了解原系统的全部概况,系统分析师和数据库设计人员深入到应用部门,和用户一起调查和收集原系统所涉及的全部数据。需求调查要明确的问题很多,大到企业的经营方针策略、组织结构,小到每一张票据的产生、输入、输出、修改和查询等。重点是以下几个方面:

(1)信息要求

用户需要对哪些信息进行查询和分析,信息与信息之间的关系如何等。

(2)处理要求

用户需要对信息进行何种处理,每一种处理有哪些输入、输出要求,处理的方式如何,每一种处理有无特殊要求等。

(3)系统要求

主要包括以下几个方面:

①安全性要求:系统有几种用户使用,每一种用户的使用权限如何。

②使用方式要求:用户的使用环境是什么,平均有多少用户同时使用,最高峰时有多少

用户同时使用,有无查询相应的时间要求等。

③可扩充性要求:对未来功能、性能和应用访问的可扩充性的要求。

为了完成需求分析,常用的需求调查的方法主要有以下几种:

①查阅记录;

②询问;

③跟班作业;

④开调查会;

⑤使用调查表的形式调查用户的需求;

⑥网络调查。

借助于网络调查和反馈系统,也可以提高完成需求调查的效率。

需求调查的方法很多,常常综合使用各种方法。对用户对象的专业知识和业务过程了解得越详细,为数据库设计所作的准备就越充分。并且设计人员还应考虑到将来对系统功能的扩充和改变,尽量把系统设计得易于修改。

1.2.2 结构化分析方法

在数据库系统的设计中,数据建模通常采用图形化方法来描述企业的信息需求和业务规则,以建立逻辑数据模型,其作用有两个:一是与用户进行沟通,明确需求;另一个作用是作为数据库物理设计的基础,以保证物理数据模型能充分满足应用要求,保证数据的一致性和完整性。

结构化分析方法首先把任何一个系统都抽象如图 1.4 所示的数据流图,然后逐步分解处理功能和数据。

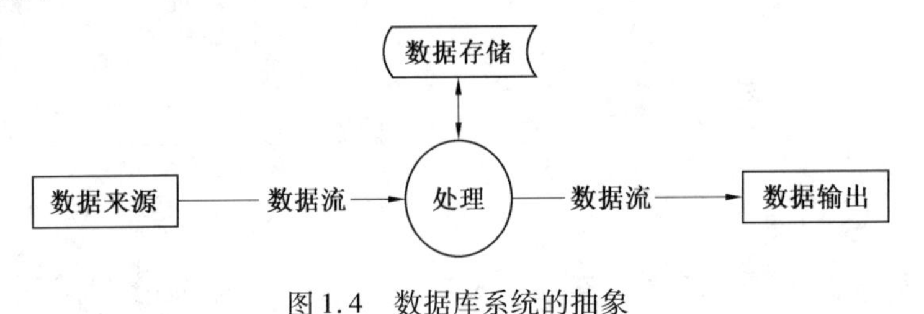

图 1.4 数据库系统的抽象

1.2.3 数据流图

对于一个较复杂的系统,其加工(或处理)可能有数百乃至数千个,整个系统的数据流图很难一次全部画齐。而采用分层的思想可以很好地解决这个问题。数据流图分层的基本思想是"自顶向下逐步分解",即从系统的基本模型(把整个系统看成是一个加工)开始,逐层对系统进行分解。每次分解一个加工,得到相应的多个更具体的加工,形成分层数据流图。重复这种分解,直到所有加工都足够简单明了为止。

【例 1.1】 假设我们要开发一个学校管理系统。

(1)经过可行性分析和初步需求调查,确定该系统由教师管理子系统、学生管理子系统、后勤管理子系统组成,每个子系统分别配备一个开发小组。抽象出该系统的系统结构图,如图 1.5 所示。

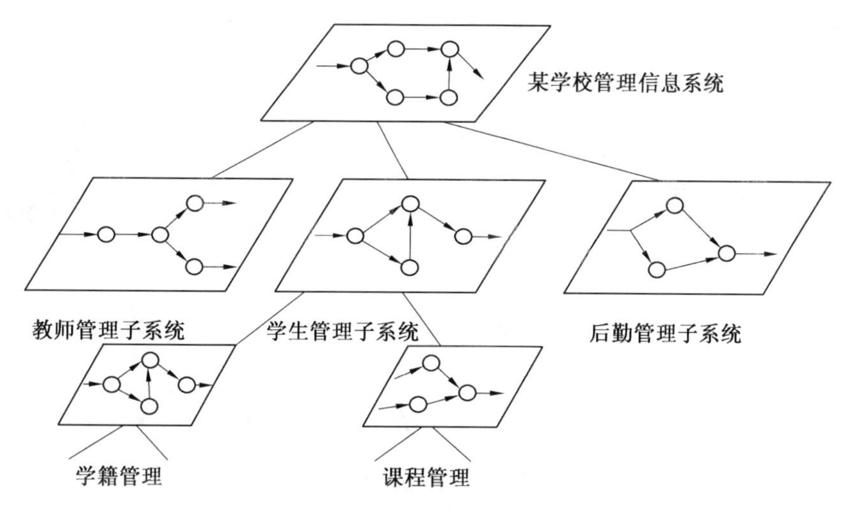

图1.5　学校管理系统最高层数据流图

(2)进一步细化各个子系统。以学生管理子系统为例,学生管理子系统开发小组通过需求调查,明确该子系统的主要功能是学籍管理和课程管理,包括学生报到、入学、毕业的管理,学生上课情况的管理。通过信息流程分析和数据收集后,他们生成了该子系统的数据流图。学籍管理子系统的数据流图如图1.6所示。

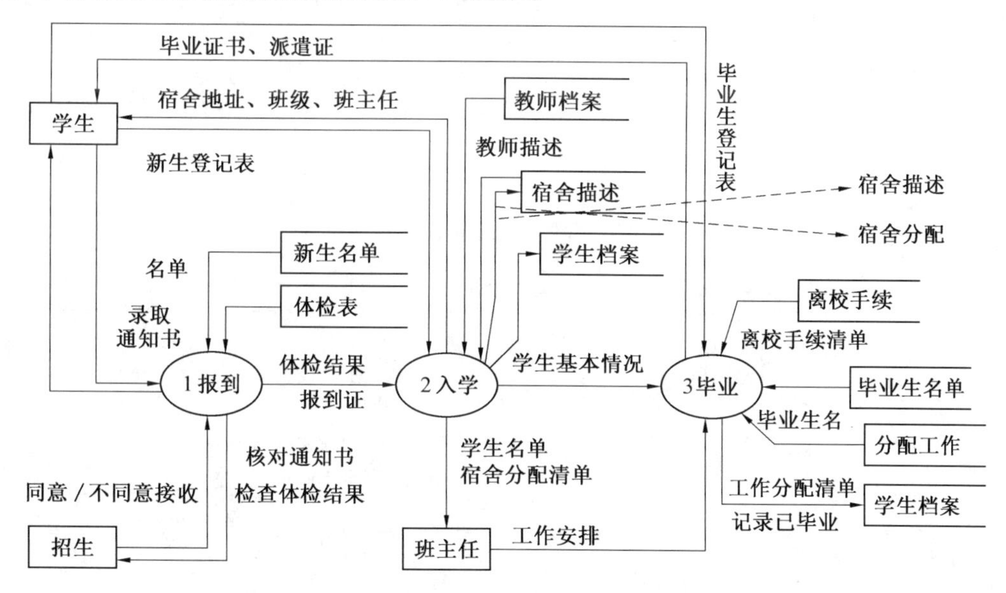

图1.6　学籍管理子系统的数据流图

(3)对学籍管理的学生报到、入学和毕业等处理过程进一步分解,得到的数据流图有如图1.7所示的报到数据流图、如图1.8所示的入学数据流图和如图1.9所示的毕业数据流图。

(4)课程管理子系统的数据流图如图1.10所示。

1.2.4　数据字典

数据字典是以特定格式记录下来的,对数据流程图中各个基本要素(数据流、文件、加

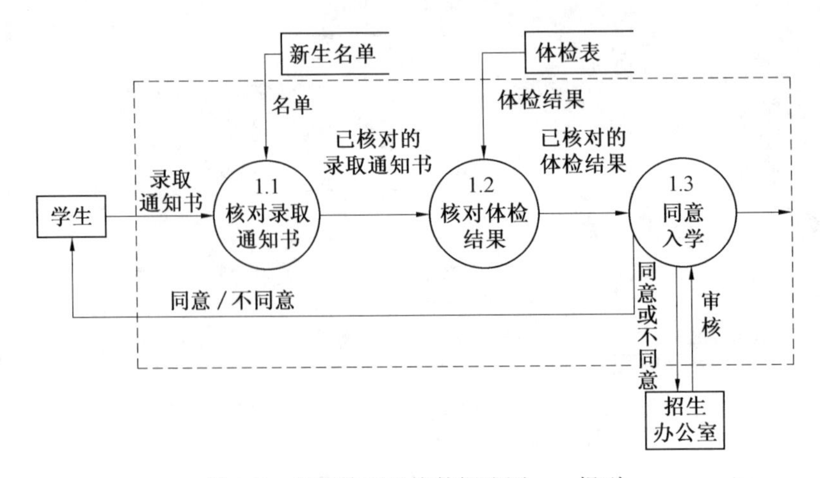

图 1.7　学籍管理系统数据流图——报到

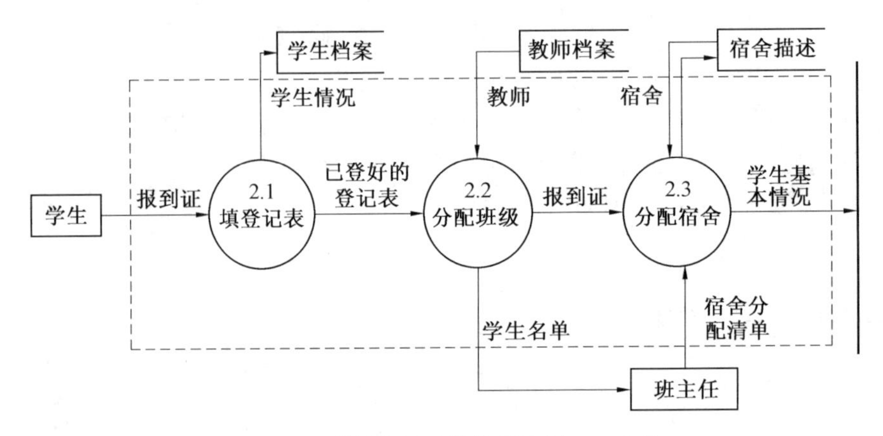

图 1.8　学籍管理系统数据流图——入学

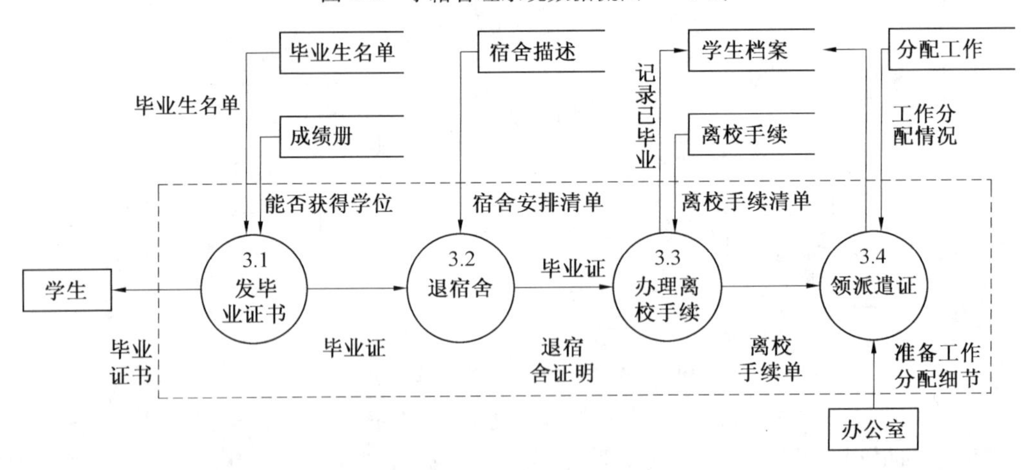

图 1.9　学籍管理系统数据流图——毕业

工等)的具体内容和特征所作的完整的对应和说明。

数据字典是对数据流图的注释和重要补充,它帮助系统分析师全面确定用户的要求,并为以后的系统设计提供参考依据。

数据字典的内容包括数据项、数据结构、数据流、处理过程、数据存储和外部实体等,一

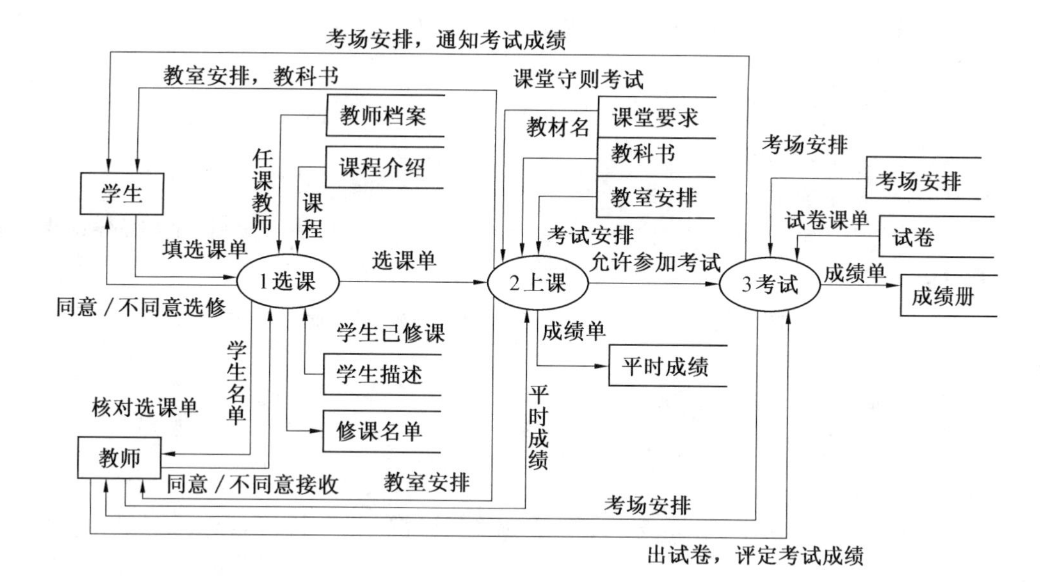

图1.10　课程管理的数据流图

切在数据定义需求中出现的名称都必须有严格的说明。在数据库设计过程中，数据字典被不断地充实、修改和完善。

【例1.2】　学生学籍管理子系统的数据字典中的数据项，以“学号”为例，可描述如下：

数据项：学号

含义说明：唯一标识每个学生

别名：学生编号

类型：字符型

长度：8

取值范围：10 000 000 ~ 99 999 999

取值含义：前四位标识该学生所在年级，后四位按顺序编号

与其他数据项的逻辑关系：省略。

【例1.3】　学生学籍管理子系统的数据字典中的数据结构，以“学生”为例，“学生”是该系统中的一个核心数据结构，描述如下：

数据结构：学生

含义说明：是学籍管理子系统的主体数据结构，定义了一个学生的有关信息

组成：学号，姓名，性别，年龄，所在系，年级

【例1.4】　学生学籍管理子系统的数据字典中的数据流“体检结果”可如下描述：

数据流：体检结果

说明：学生参加体格检查的最终结果

数据流来源：体检

数据流去向：批准

组成：……

平均流量：……

高峰期流量：……

【例1.5】 学生学籍管理子系统的数据字典中的处理过程“填写成绩单”可如下描述:

名称:填写成绩单

说明:通知学生成绩,有补考科目的说明补考日期

输入:评卷后由教师输入

输出:打印学生成绩通知单

处理:查成绩一览表,打印每个学生的成绩通知单,若有不及格科目,不够直接留级,则在“成绩通知”中填写补考科目、时间,若直接留级则注明“留级”。

【例1.6】 学生学籍管理子系统的数据字典中的数据存储“学习成绩一览表”可如下描述:

数据存储名:学习成绩一览表

说明:学期结束时,按班汇集学生各科成绩

编号:D2

数据结构:{班级,学生成绩{学号,姓名,成绩{任课教师,科目名称,{考试,考查},分数}}}

流入数据流:考试

流出数据流:打印成绩

数据量:5 000 份/学期

存取方式:联机处理

外部实体是数据的来源和去向。因此,在数据字典中关于外部实体的内容,主要说明外部实体产生的数据流和传给该外部实体的数据流,以及该外部实体的数量。外部实体的数量对于估计本系统的业务量有参考作用,尤其是关系密切的主要外部实体。

建立数据字典的工作量很大,相当繁琐。但这是一项必不可少的工作。数据字典在系统开发中具有十分重要的意义,不仅在系统分析阶段,而且在整个研制过程中以及今后系统运行中都要使用它。

1.2.5 系统需求说明书

编写系统需求规格说明书是系统需求分析的最后阶段,需求规格说明书的编写不仅必须做到完整、详尽,而且技术性描述不要太强及描述要足够准确,以使用户和设计人员易于理解。

需求分析阶段的一个重要而困难的任务是收集将来应用所涉及的数据,设计人员应充分考虑到可能的扩充和改变,使设计易于更改,系统易于扩充。

在进行需求分析的过程中,第一要认识到用户参与的重要性;第二可以用原型法来帮助用户确定他们的需求;最后系统分析员要预测系统的未来改变,预留未来系统的扩充空间。

1.3 概念结构设计

需求分析阶段描述的用户应用需求是现实世界的具体需求,将需求分析得到的用户需求抽象为信息结构即概念模型的过程就是概念结构设计。概念结构是各种数据模型的共同基础,它比数据模型更独立于机器、更抽象,从而更加稳定。描述概念模型的工具是E-R模型。

概念结构设计是整个数据库设计的关键。

1.3.1　概念结构设计的方法与步骤

设计概念结构通常有四类方法:自顶向下、自底向上、逐步扩张和混合策略。无论采用哪种设计方法,一般都以E-R模型为工具来描述概念结构。

以自底向上设计概念结构的方法为例,通常分为两步:

第一步,首先要根据需求分析的结果(数据流图、数据字典等)对现实世界的数据进行抽象,设计各个局部视图即分E-R图;第二步,集成局部视图。概念结构设计的步骤如图1.11所示。

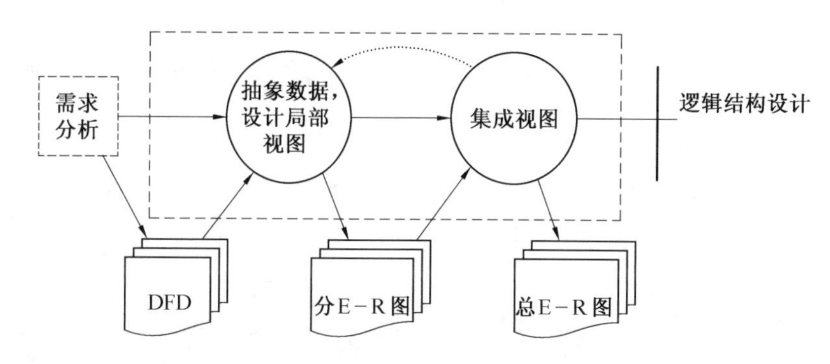

图1.11　概念结构设计的步骤

1.3.2　设计局部视图

设计分E-R图的步骤是先选择局部应用,然后逐一设计分E-R图。

1. 选择局部应用

【例1.7】　开发一个学校管理系统。

经过可行性分析和初步需求调查,抽象出该系统的系统层次结构图,如图1.5所示。图中可知该学校管理信息系统分为教师管理子系统、学校管理子系统和后勤管理子系统三部分。因此选择子系统层次作为我们设计系统分E-R图的出发点,分别进行设计。

下面以学生管理子系统为例介绍分E-R图的设计和集成。学生管理子系统又分为学籍管理和课程管理两部分,由于学籍管理、课程管理等都不太复杂,因此可以从它们入手设计学生管理子系统的分E-R图。如果局部应用比较复杂,则可以从更下层的数据流图入手。

由于学籍管理、课程管理等都不太复杂,因此可以从它们入手设计学生管理子系统的分E-R图。如果局部应用比较复杂,则可以从更下层的数据流图入手。

2. 逐一设计分E-R图

【例1.8】　设计学籍管理局部应用的分E-R图。

学籍管理部分局部应用中主要涉及的实体包括学生、宿舍、档案材料、班级、班主任。实体之间的联系如下:

(1)由于一个宿舍可以住多个学生,而一个学生只能住在某一个宿舍中,因此宿舍与学生之间是1∶n的联系。

(2)由于一个班级往往有若干名学生,而一个学生只能属于一个班级,因此班级与学生之间也是 $1:n$ 的联系。由于班级上课不固定教室,所以班级和教室之间是 $m:n$ 的联系。

(3)由于班主任同时还要教课,因此班主任与学生之间存在指导联系,一个班主任要教多名学生,而一个学生只对应一个班主任,因此班主任与学生之间也是 $1:n$ 的联系。

(4)而学生和他自己的档案材料之间,班级与班主任之间都是 $1:1$ 的联系。

由上述分析可得到学籍管理局部应用的分 E-R 草图,如图 1.13 所示。接下来需要进一步斟酌该 E-R 草图,做适当调整。在一般情况下,性别通常作为学生实体的属性,但在本局部应用中,由于宿舍分配与学生性别有关,根据准则,应该把性别作为实体对待。

最后得到学籍管理局部应用的分 E-R 图,如图 1.13 所示。

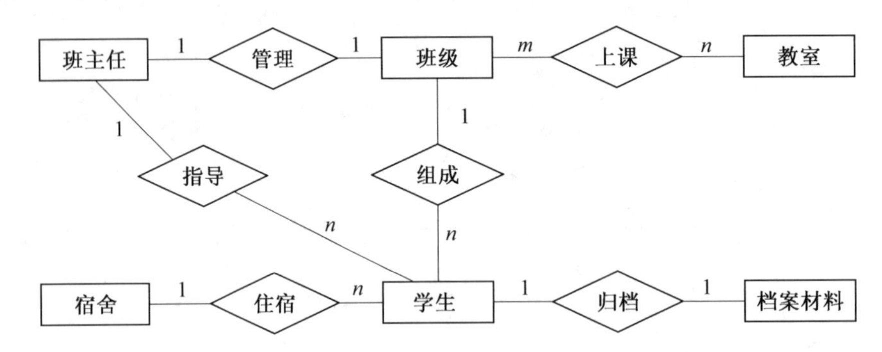

图 1.12　学籍管理局部应用的分 E-R 图草图

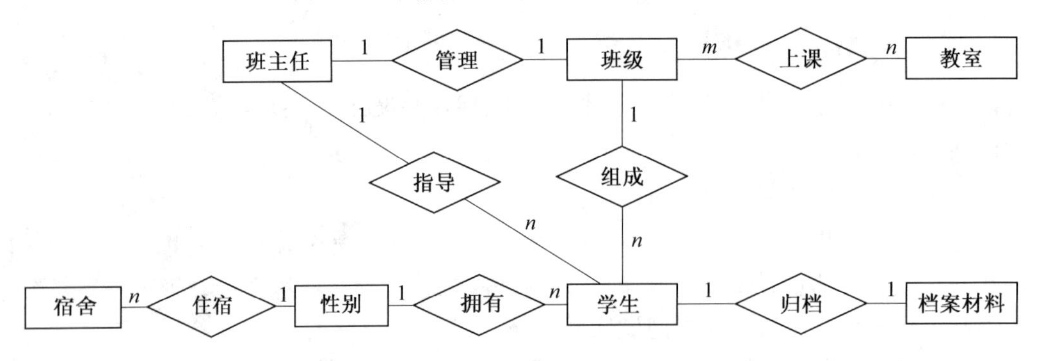

图 1.13　学籍管理局部应用的分 E-R 图

用同样的方法得到课程管理局部应用的分 E-R 图, 如图 1.14 所示。

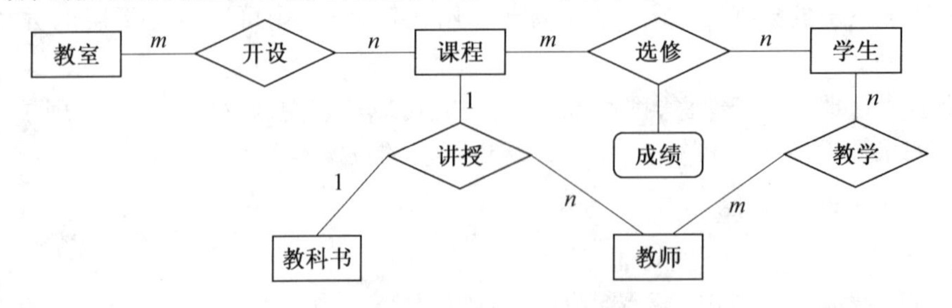

图 1.14　课程管理局部应用的分 E-R 图

1.3.3　集成视图

各个局部视图即分 E-R 图建立好后，还需要对它们进行合并，集成为一个整体的数据概念结构即总 E-R 图。视图集成的步骤如图 1.15 所示。

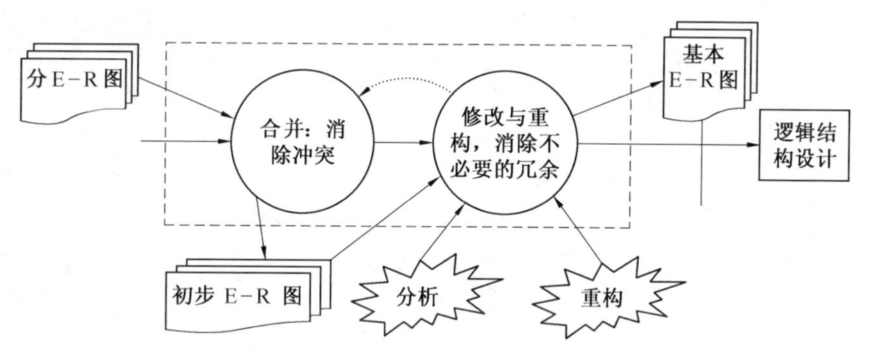

图 1.15　视图集成的步骤

集成局部 E-R 图时都需要两步：合并和修改与重构。

第一步合并分 E-R 图，生成初步 E-R 图。

【例 1.9】　生成学校管理系统的初步 E-R 图。着重介绍学籍管理局部视图与课程管理局部视图的合并，这两个分 E-R 图存在着多方面的冲突：

(1)班主任实际上也属于教师，也就是说学籍管理中的班主任实体与课程管理中的教师实体在一定程度上属于异名同义，应将学籍管理中的班主任实体与课程管理中的教师实体统一称为教师，统一后教师实体的属性构成为

教师：{职工号，姓名，性别，职称，是否为优秀班主任}

(2)将班主任改为教师后，教师与学生之间的联系在两个局部视图中呈现两种不同的类型，一种是学籍管理中教师与学生之间的指导联系，一种是课程管理中教师与学生之间的教学联系，由于指导联系实际上可以包含在教学联系之中，因此可以将这两种联系综合为教学联系。

(3)在两个局部 E-R 图中，学生实体属性组成及次序都存在差异，应将所有属性综合，并重新调整次序。假设调整结果为

学生：{学号，姓名，出生日期，年龄，所在系，年级，平均成绩}

解决上述冲突后，学籍管理分 E-R 图与课程管理分 E-R 图合并为初步 E-R 图，如图 1.16 所示。

第二步修改与重构，生成基本 E-R 图。

修改、重构初步 E-R 图以消除冗余，主要采用分析方法。除分析方法外，还可以用规范化理论来消除冗余。

【例 1.10】　在前面例 1.9 中初步 E-R 图中存在着冗余数据和冗余联系：

(1)学生实体中的年龄属性可以由出生日期推算出来，属于冗余数据，应该去掉。这样不仅可以节省存储空间，而且当某个学生的出生日期有误，进行修改后，无须相应修改年龄，减少了产生数据不一致的机会。

学生：{学号，姓名，出生日期，所在系，年级，平均成绩}

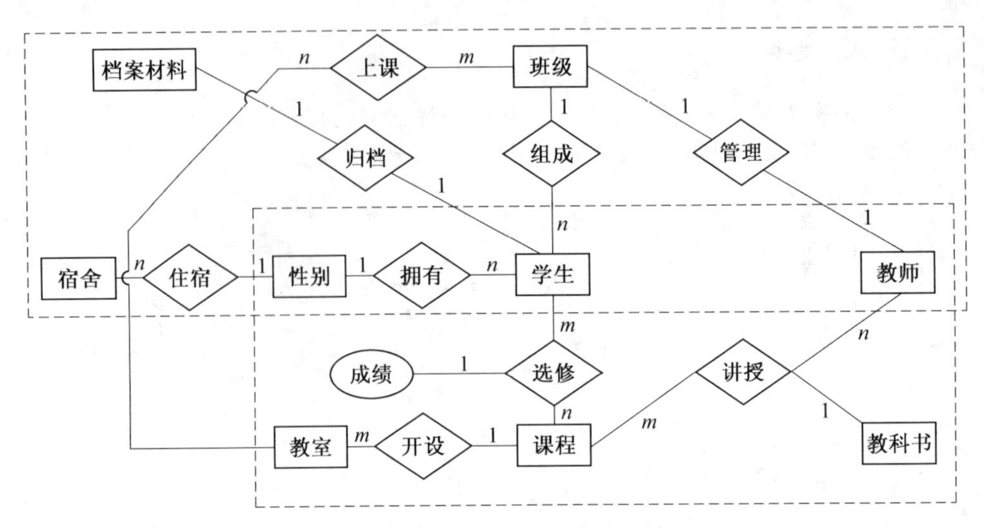

图 1.16 学籍管理课程管理合并的初步 E-R 图

(2)教室实体与班级实体之间的上课联系可以由教室与课程之间的开设联系、课程与学生之间的选修联系、学生与班级之间的组成联系三者推导出来,因此属于冗余联系,可以消去。

(3)学生实体中的平均成绩可以从选修联系中的成绩属性中推算出来,但如果应用中需要经常查询某个学生的平均成绩,每次都进行这种计算效率就会太低。因此为提高效率,可以考虑保留该冗余数据,但是为了维护数据一致性应该定义一个触发器来保证学生的平均成绩等于该学生各科成绩的平均值。任何一科成绩修改后,或该学生学了新的科目并有成绩后,就要触发该触发器去修改该学生的平均成绩属性值,否则会出现数据的不一致。

进行修改和重构后生成的学生管理系统基本 E-R 图,如图 1.17 所示。

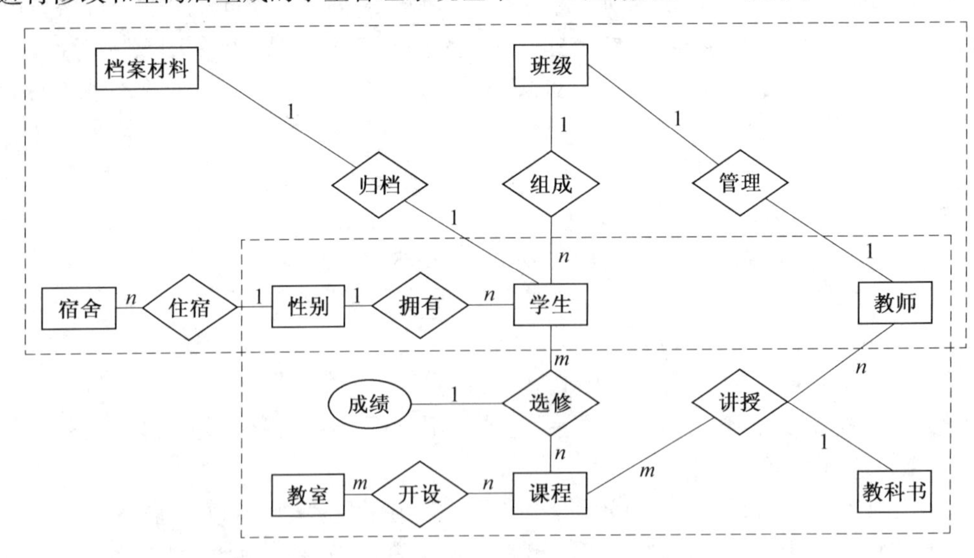

图 1.17 学生管理子系统基本 E-R 图

学生管理子系统的基本 E-R 图还必须进一步和教师管理子系统以及后勤管理子系统的基本 E-R 图合并,生成整个学校管理系统的基本 E-R 图。

视图集成后形成一个整体的数据库概念结构，对该整体概念结构还必须进行进一步验证，确保它能够满足下列条件：

(1)整体概念结构内部必须具有一致性，即不能存在互相矛盾的表达。

(2)整体概念结构能准确地反映原来的每个视图结构，包括属性、实体及实体间的联系。

(3)整体概念结构能满足需要分析阶段所确定的所有要求。

(4)整体概念结构最终还应该提交给用户，征求用户和有关人员的意见，进行评审、修改和优化，然后把它确定下来，作为数据库的概念结构和进一步设计数据库的依据。

1.4　逻辑结构设计

概念结构是各种数据模型的共同基础。为了能够用某一 DBMS 实现用户需求，还必须将概念结构进一步转化为相应的数据模型。逻辑结构设计是将概念结构转换为某个 DBMS 所支持的数据模型(例如关系模型)，并对其进行优化。

关系的规范化方法是逻辑设计的一种方法，它将一组数据合理构造成关系数据库模型。逻辑结构设计的步骤如图 1.18 所示。

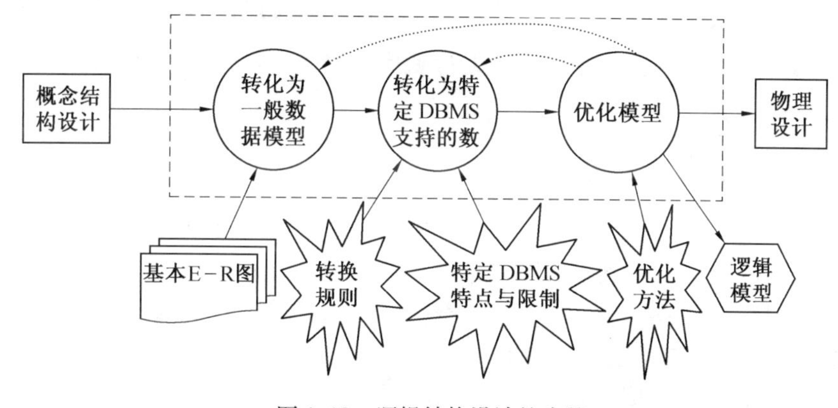

图 1.18　逻辑结构设计的步骤

1.4.1　E-R 模型向关系模型转换

E-R 模型向关系模型转换过程中，主要完成将 E-R 图转换为关系模型，即将实体、实体的属性和实体之间的联系转化为关系模式，并确定这些关系模式的属性和码。

【例 1.11】　根据上述规则将图 1.17 中学生管理子系统 E-R 图转换成关系模型。

(1)首先将教师、学生等 8 个实体转换成 8 个关系。

学生：{学号，姓名，性别，出生日期，班级号，宿舍号，档案号}

课程：{课号，课程名，学分}

教师：{职工号，姓名，职称，性别，出生日期}

教科书：{书号，书名，价格，出版社}

教室：{教室号，地址，容量，类型}

档案材料：{档案号，……}

班级：{班级号，学生人数，专业，班主任职工号}

宿舍:{宿舍号,地址,人数}

(2)将多对多的联系也转换成关系

选修:{课程号,学号,成绩}

授课表:{教室号,课号,星期,节号}

1.4.2 数据模型的优化方法

数据库逻辑设计的结果不是唯一的。得到初步数据模型后,还应该适当地修改、调整数据模型的结构,以进一步提高数据库应用系统的性能,这就是数据模型的优化。

关系数据模型的优化通常以规范化理论为指导。

【例 1.12】 在关系模式学生成绩单(学号,英语,数学,语文,平均成绩)中存在下列函数依赖:F={学号→英语,学号→数学,学号→语文,学号→平均成绩,(英语,数学, 语文)→平均成绩}

显然有:学号→(英语,数学,语文),因此该关系模式中存在传递函数信赖,是第二范式关系。

虽然平均成绩可以由其他属性推算出来,但如果应用中需要经常查询学生的平均成绩,为提高效率,我们仍然可保留该冗余数据,对关系模式不再做进一步分解。

对于一个具体应用来说,到底规范化进行到什么程度,需要权衡响应时间和潜在问题两者的利弊才能决定。一般说来,第三范式就足够了。

1.4.3 设计用户子模式

将概念模型转换为全局逻辑模型后,还应根据局部应用需求,结合具体数据库管理系统的特点,设计用户的外模式。利用视图和结合基本表进行设计。

设计用户子模式主要从系统时间效率、空间效率、易维护等角度出发,还应该更注重考虑用户的习惯与方便,主要包括 3 个方面:

(1)使用更符合用户习惯的别名

合并各分 E-R 图曾做了消除命名冲突的工作,以使数据库系统中同一关系和属性具有唯一的名字。这在设计数据库整体结构时是非常必要的。但对于某些局部应用,由于改用了不符合用户习惯的属性名,可能会使他们感到不方便,用视图机制可以在设计子模式时重新定义属性名。因此在设计用户的子模式时可以重新定义某些属性名,使其与用户习惯一致。当然,为了应用的规范化,也不应该一味地迁就用户。例如负责学籍管理的用户习惯于称教师模式的职工号为教师编号,因此可以定义视图,在视图中职工号重定义为教师编号。

(2)针对不同级别的用户定义不同的外模式,以满足系统对安全性的要求

【例 1.13】 教师关系模式中包括职工号、姓名、性别、出生日期、婚姻状况、学历、学位、政治面貌、职称、职务、工资、工龄、教学效果等属性。

学籍管理应用只能查询教师的职工号、姓名、性别、职称数据;课程管理应用只能查询教师的职工号、姓名、性别、学历、学位、职称、教学效果数据;教师管理应用则可以查询教师的全部数据。

因此定义两个外模式:

教师_学籍管理(职工号,姓名,性别,职称)

教师_课程管理(工号,姓名,性别,学历,学位,职称,教学效果)

授权学籍管理应用只能访问教师_学籍管理视图,授权课程管理应用只能访问教师_课程管理视图,授权教师管理应用能访问教师表。这样就可以防止用户非法访问本来不允许他们查询的数据,保证了系统的安全性。

(3)简化用户对系统的使用

如果某些局部应用中经常要使用某些很复杂的查询,为了方便用户,可以将这些复杂查询定义为视图。

1.5 物理结构设计

数据库物理结构设计阶段将根据具体计算机系统(DBMS 与硬件等)的特点,为给定的数据模型确定合理的存储结构和存取方法。

为设计数据库物理结构,设计人员必须充分了解所用 DBMS 的内部特征,充分了解数据库的应用环境,特别是数据应用处理的频率和响应时间的要求,充分了解外存储设备的特性。

数据库物理结构设计分两步:确定物理结构和评价物理结构。数据库物理结构设计的步骤如图 1.19 所示。

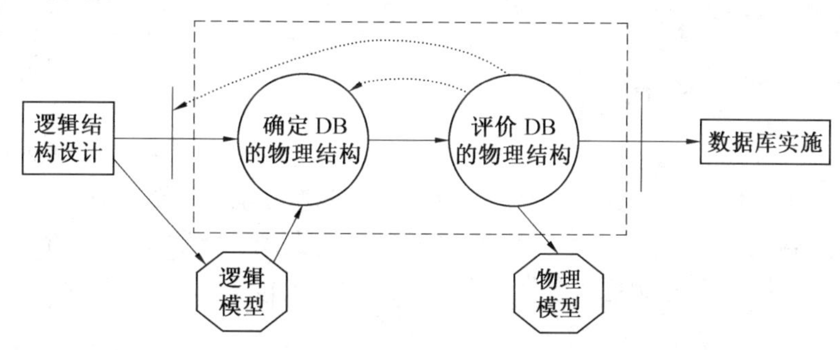

图 1.19 物理结构设计的步骤

1.5.1 确定数据库的物理结构

确定数据的存放位置和存储结构要综合考虑存取时间、存储空间利用率和维护代价 3 方面的因素。这 3 个方面常常相互矛盾,需要进行权衡,选择一个折衷方案。

(1)确定数据的存放位置;

(2)确定系统配置;

(3)设计数据存取路径。

为关系模式选择存取方法的目的是使事务能快速存取数据库中的数据和满足多用户共享数据的要求。任何数据库管理系统都提供多种存取方法。对于关系数据库而言,一般常用的存取方法有索引方法、聚簇方法和 HASH 方法等。

1. 索引方法

索引是用于提高查询性能的,但它要牺牲额外的存储空间和提高更新维护代价。因此要根据用户需求和应用的需要来合理使用和设计索引,所以正确的索引设计是比较困难的。

在 RDBMS 中,索引是改善存取路径的重要手段。使用索引的最大优点是可以减少检索的 CPU 服务时间和 I/O 服务时间,改善检索效率。如果没有索引,系统只能通过顺序扫描寻找相匹配的检索对象,时间开销太大。但是,不能在频繁作存储操作的关系上,建立过多的索引。因为当进行存储操作(增、删、改)时,不仅要对关系本身作存储操作,而且还要增加一定的 CPU 开销,修改各个索引。因此,关系上过多的索引会影响存储操作的性能。

2. 聚簇方法

为了提高某个属性或属性组的查询速度,把这个属性或属性组上具有相同值的元组集中存放在连续的物理块上的处理称为聚簇,这个属性或属性组称为聚簇码。聚簇功能可以大大提高按聚簇码进行查询的效率。

3. 散列技术

散列技术是一种根据记录的查找键值,使用一个函数计算得到的函数值作为磁盘块的地址,从而对记录进行快速存储和访问的一种技术。利用散列技术对记录进行查找、插入和删除操作是非常方便的,散列方法在表项的存储位置与它的关键码之间建立一个确定的对应函数关系 Hash( ),使每个关键码与结构中的一个唯一的存储位置相对应:

Address = Hash(Rec. key)

构造散列函数有多种方法,比如直接定址法、数字分析法、除留余数法、乘余取整法、平方取中法、折叠法等。

1.5.2 评价物理结构

评价物理数据库的方法完全依赖于所选用的 DBMS,主要从定量评价存取时间、存储空间、维护代价入手,对估算结果进行权衡、比较,选择较优的合理的物理结构。

评价物理结构需要进行一定的实验,对数据库物理设计过程中产生的多种方案进行细致的评价,从中选择一个较优的方案作为数据库的物理结构。

1.6 数据库实施

数据库实施是指根据逻辑设计和物理设计的结果建立数据库,编制和调试应用程序,组织数据入库,并进行试运行。

数据库实施主要包括以下工作:用 DDL 建立数据库结构,组织数据入库,编制和调试应用程序,试运行,并在试运行中对系统进行评价。如果评价结果不能满足要求,还需要对数据库进行修正设计,直到满意为止。数据库实施阶段的步骤如图 1.20 所示。

数据库正式投入使用,也并不意味着数据库设计生命周期的结束,而是数据库维护阶段的开始。

1.6.1 数据库实施步骤

数据库的实施阶段主要包括如下工作:

(1)建立实际的数据库结构

在定义数据库结构时,应包含以下内容:

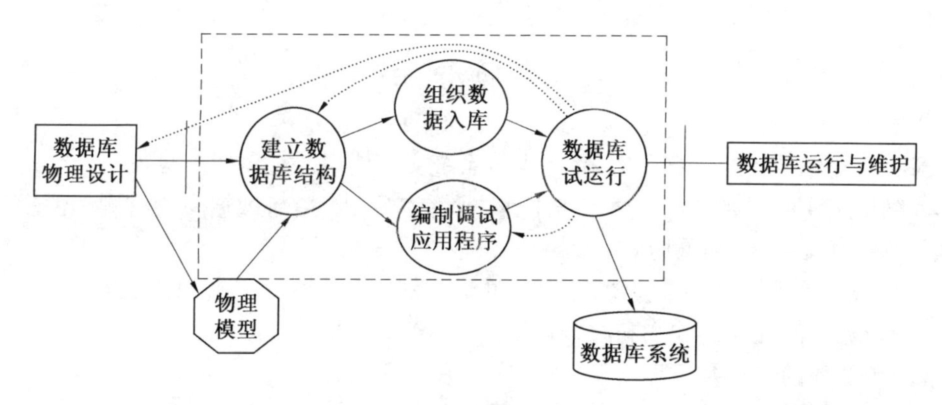

图1.20 数据库实施阶段的步骤

①数据库模式与子模式,以及数据库空间等的描述;

②数据库完整性描述;

③数据库安全性描述。

(2)数据加载

数据库应用程序的设计应该与数据库设计同时进行。一般地,应用程序的设计应该包括数据库加载程序的设计。在数据加载前,必须对数据进行整理。由于用户缺乏计算机应用背景的知识,常常不了解数据的准确性对数据库系统正常运行的重要性,因而未对提供的数据作严格的检查。所以,数据加载前,要建立严格的数据登录、录入和校验规范,设计完善的数据校验与校正程序,排除不合格数据。

(3)编制和调试应用程序

编制和调试应用程序应与数据库设计并行进行,与数据加载同步。应用程序必须要经过严格的反复测试之后才能投入使用,要有测试文档。编制应用程序应选择一种合适的语言和开发工具,充分考虑开发工具的技术支持。

1.6.2 数据库试运行和评价

当加载了部分必须的数据和应用程序后,就可以开始对数据库系统进行联合调试,称为数据库的试运行。一般将数据库的试运行和评价结合起来,目的是:①测试应用程序的功能;②测试数据库的运行效率是否达到设计目标,是否为用户所接受。

测试的目的是为了发现问题,而不是为了说明能达到哪些功能。所以测试中一定要有非设计人员的参与。

对于数据库系统的评价比较困难,需要估算不同存取方法的CPU服务时间及I/O服务时间。为此,一般还是从实际试运行中进行估价,确认其功能和性能是否满足设计要求,对空间占用率和时间响应是否满意等。

最后由用户直接进行测试,并提出改进意见。测试数据应尽可能地覆盖现实应用的各种情况。数据库设计人员应综合各方的评价和测试意见,返回到前面适当的阶段,对数据库和应用程序进行适当的修改。

1.7 数据库维护

只有数据库顺利地进行了实施,才可将系统交付使用。数据库一旦投入运行,就标志着数据库维护工作的开始。数据库维护工作主要有以下内容:对数据库的监测和性能改善、故障恢复、数据库的重组和重构。

在数据库运行阶段,对数据库的维护主要由数据库管理员完成,主要工作如下:

(1)对数据库性能的监测和改善;

(2)数据库的备份及故障恢复;

(3)数据库重组和重构。

本章小结

本章主要讨论了数据库设计的一般方法和步骤,详细介绍了数据库设计各个阶段的输入、输出、设计环境、目标和方法。在进行数据库的结构设计时,应考虑数据库的行为设计,所以,在设计的每一阶段,都指出了同步的数据处理应产生的结果。数据库设计中最重要的两个环节是概念结构设计和逻辑结构设计。

数据库设计和开发是一项庞大的工程,是涉及多个学科的综合性技术。其开发周期长、耗资多、失败的风险大。读者可将软件工程的原理和方法应用到数据库设计中。由于数据库设计技术具有很强的实践性和经验性,应多在实践中加以应用。总之,数据库必须是一个数据模型良好,逻辑上正确,物理上有效的系统,这是每个数据库设计人员的工作目标。

第2章

数据库管理系统简介

学习目标　目前有许多数据库产品，如Oracle、Sybase、DB2、Microsoft SQL Server、Microsoft Access、Visual FoxPro等产品各具特有的功能，在数据库市场上占有一席之地。通过本章学习，了解常用的Oracle、SQL Server和DB2，为数据库课程设计选择合适的平台。

2.1　Oracle简介

Oracle公司成立于1977年，是一家著名的专门从事研究、生产关系数据库管理系统的专业厂家。1979年研制出的Oracle第1版是世界上首批商用的关系数据库管理系统之一。Oracle当时就采用SQL语言作为数据库语言。自创建以来的30多年中，不断更新其版本。1986年的Oracle第5.1版是一个具有分布处理功能的关系数据库系统。1988年的Oracle RDBMS第6版加强了事务处理功能，对多用户配置的多个联机事务的处理应用，吞吐量大大提高，并对Oracle的内核作了修改。目前Oracle产品已经发展到第11版。Oracle产品覆盖了大、中、小型机几十种机型，成为世界上使用非常广泛的著名关系数据库管理系统。Oracle一进入中国市场便受到中国用户欢迎。

Oracle数据库管理系统是一个以关系型和面向对象为中心管理数据的数据库管理软件系统，其在管理信息系统、企业数据处理、因特网及电子商务等领域有着非常广泛的应用。因其在数据安全性与数据完整性控制方面的优越性能，以及跨操作系统、跨硬件平台的数据互操作能力，使得越来越多的用户将Oracle作为其应用数据的处理系统。

2.1.1　Oracle体系结构

数据库服务器是信息管理的关键。一般来说，服务器必须可靠地管理多用户环境中的大量数据、以便多个用户能够同时访问同一数据，所有这一切都必须在保证高性能的同时进行。数据库服务器还必须防止未经授权的访问，并为故障恢复提供有效的解决方案。Oracle服务器中包含多种文件结构、进程结构和内存结构。但是，处理SQL语句时，并非所有这些结构都会用到。某些结构用于提高数据库的性能，确保该数据库在遇到软件或硬件错误时可以恢复，或者执行维护该数据库所需的其他任务。Oracle服务器包括一个Oracle例程和一个Oracle数据库，Oracle数据库服务器的总体结构如图2.1所示。

Oracle例程是后台进程和内存结构的组合。只有启动例程后，才能访问数据库中的数据。每次启动例程时，会分配系统全局区（SGA），并启动Oracle后台进程。后台进程代表调用进程执行各种功能，它们把为每个用户运行的多个Oracle程序所处理的功能统一起来。后台进程执行输入/输出（I/O），并监视其他Oracle进程来提高并行性，从而使性能和

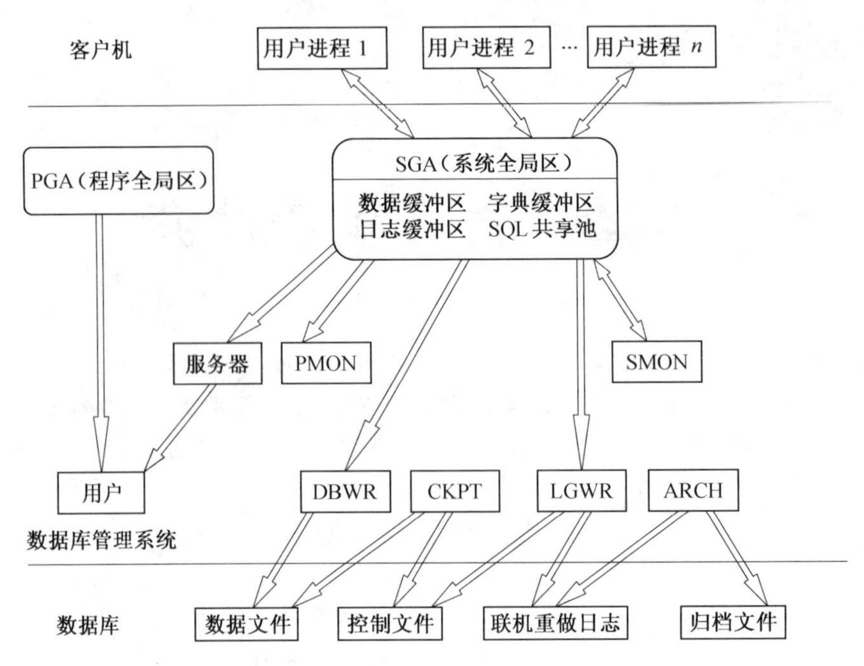

图 2.1 Oracle 10g 数据库服务器的总体结构

可靠性更加优越。

Oracle 数据库包含操作系统文件(也称为数据库文件),这些文件为数据库信息提供了实际的物理存储。数据库文件用于确保数据一致性并能在例程失败时得以恢复。

1. Oracle **例程**

Oracle 例程由系统全局区（SGA）内存结构和用于管理数据库的后台进程组成。例程是通过使用特定于每个操作系统的方法来标识的。例程一次只能打开和使用一个数据库。

(1)内存结构

内存结构是 Oracle 存放常用信息和所有运行在该机器上的 Oracle 程序的内存区域。Oracle 有两种类型的内存结构:系统全局区(System Global Area,SGA)和程序全局区(Program Global Area,PGA)。

系统全局区(SGA)是客户机上的用户进程和服务器上的服务器进程都使用的内存区域。在 Oracle 例程中,SGA 是所有通信的中心,所有的用户进程和服务器进程都可以访问这部分内存区域,也就是说 SGA 内的数据是共享的。SGA 也称作共享全局区,用于存储数据库进程共享的数据库信息。它包含有关 Oracle 服务器的数据和控制信息,在 Oracle 服务器所在计算机的虚拟内存中分配。

在数据库非安装阶段,当创建例程时,分配 SGA;当例程关闭时,释放 SGA。SGA 主要由以下几部分组成:数据库缓冲快存(Database Buffer Cache)、重做日志缓冲区(Log Buffer)、共享池(Shared Pool)、大池(Large Pool)和 JAVA 池(Java Pool)。

①数据库缓冲快存:用于记录从数据库数据文件中读取的数据、以及插入和更新的数据。该缓冲区的大小是由参数 DB_CACHE_SIZE 的值决定的。处理查询时,Oracle 服务器进程在数据库缓冲区高速缓存中查找任何所需的块,如果未在数据库缓冲区高速缓存中找到这个块,服务器进程就从数据文件读取这个块,并在数据库缓冲区高速缓存中放置一个副

本。由于对同一个块的后续请求可以在内存中找到这个块,因此这些请求可能不需要进行物理读取。Oracle 服务器使用 LRU 算法来释放近期未被访问的缓冲区,以便在数据库缓冲区高速缓存中为新块腾出空间。

②重做日志缓冲区:它包含所有变化了的数据块,录了数据库中的修改前和修改后信息。这些变化的数据块通过 Oracle 日志写入进程以一种邻接的方式写到重做日志文件中。该缓冲区的大小是由参数 LOG_BUFFER 的值决定的。

③共享池:包含库高速缓存(Library Cache)、数据字典缓存(Dictionary Cache)。其大小由参数 SHARED_POOL_SIZE 的值决定。共享池环境既包含固定结构,也包含可变结构。固定结构的大小相对保持不变,而可变结构的大小会根据用户和程序的需求增减。固定结构和可变结构的实际大小由一个初始化参数和 Oracle 内部算法来确定。

库高速缓存的大小视所定义的共享池大小而定。内存分配是在对语句进行语法分析或调用程序单元时进行。如果共享池太小,就会将语句连续重新载入库高速缓存,从而使性能受到影响。库高速缓存由 LRU 算法来管理。高速缓存填满时,将从库高速缓存中删除最近很少使用的执行路径和语法分析树,以便为新条目腾出空间。如果某些 SQL 或 PL/SQL 语句未再次使用,它们最终会被删除。

库高速缓存包括以下两个结构:

ⓐ共享 SQL:共享 SQL 为针对数据库运行的 SQL 语句存储并共享执行计划和语法分析树。下次运行同一 SQL 语句时,这个语句就能利用共享 SQL 提供的语法分析信息来加快其执行速度。要确保 SQL 语句随时可以使用共享 SQL 区,文本、方案和绑定变量必须完全相同。

ⓑ共享 PL/SQL:共享 PL/SQL 区存储并共享最近执行的 PL/SQL 语句。经过语法分析和编译的程序单元和过程(函数、程序包和触发器)都存储在这个区中。

数据字典高速缓存:也称作字典高速缓存或行高速缓存。将数据字典信息同时高速缓存到数据库缓冲区和共享池内存中,可以提高性能。有关数据库(用户帐户数据、数据文件名、段名、区的位置、表的说明和用户权限)的信息都存储在数据字典表中。当服务器需要用到这类信息时,将会读取数据字典表,返回的数据将存储在数据字典高速缓存中。

④大池:是数据库管理员的一个可选内存配置项,主要用于为 Oracle 共享服务器以及使用 RMAN 工具进行备份与恢复操作时分配连续的内存空间。其大小由参数 LARGE_POOL_SIZE 的值决定。通过从大型共享池为共享服务器、Oracle XA 或并行查询缓冲区分配会话内存,Oracle 可将共享池主要用于高速缓存共享的 SQL 语句。

⑤JAVA 池:是数据库管理员的一个可选内存配置项,主要用于存放 JAVA 语句的语法分析和执行计划。当使用 JAVA 做开发时必须配置 JAVA 池,其大小由参数 JAVA_POOL_SIZE 的值决定。

程序全局区或进程全局区 (PGA) 是内存区,它包含有关单个服务器进程或单个后台进程的数据和控制信息。PGA 在创建进程时分配,并在终止进程时回收。每一个连接到 Oracle 数据库的进程都需要自己的 PGA,存放单个进程工作时需要的数据和控制信息,其中包括进程会话变量和数组及不需要与其他进程共享的信息等。与由若干个进程共享的 SGA 相比,PGA 是仅供一个进程使用的区。PGA 内部的不同部分可以相互通信,但与外界没有联系。

(2)后台进程

Oracle 系统中的进程分为以下三类:用户进程、服务器进程和后台进程。

用户进程指在客户机上运行的程序,如客户机上运行的 SQL Plus、企业管理器等,用户进程向服务器进程请求信息。服务器进程指在服务器上运行的程序,接受用户进程发出的请求,根据请求与数据库通信。后台进程帮助用户进程和服务器进程进行通信,无论是否有用户连接数据库它们都在运行,负责数据库的后台管理工作,这也是称之为后台进程的原因。Oracle 10g 数据库支持成千上万用户的并行访问,而且还保证了数据的完整性和高性能,这其中离不开 Oracle 后台进程的支持。

Oracle 10g 数据库的典型的后台进程包括以下内容:

系统监视进程(SMON):是在数据库系统启动时执行恢复性工作的强制性进程。

进程监视进程(PMON):用于恢复失败的数据库用户的强制性进程。

数据库写入进程(DBWR):主要管理数据缓冲区和字典缓冲区的内容,它从数据文件读取数据,写入到 SGA。

日志写入进程(LGWR):用于将内存中的日志内容分批写入到日志文件中。

归档进程(ARCH):是可选进程,在当数据库服务器以归档模式运行时,将已经写满的联机重做日志文件的内容拷贝到归档日志文件中才发生。

检查点进程(CKPT):是可选进程,用于减少例程恢复时间。

恢复进程(RECO):用于分布式数据库中的失败处理,只有在运行分布式选项时才能使用该进程。

锁进程(LCKn):是可选进程。当用户在并行服务器模式下将出现多个锁进程以确保数据的一致性,这些锁进程有助于数据库通信。

快照进程(SNPn):快照刷新和内部工作队列运行计划的依赖进程。

调度进程(Dnnn):是共享服务器的可选进程 。

其中 DBWR、LGWR、CKPT、SMON、PMON 后台进程是任何数据库环境所必须的,而其他 ARCH、LCKn、RECO、SNPn、Dnnn 等后台进程是根据数据库运行环境和配置不同而可以选择配置的。

①系统监控程序 (SMON):如果 Oracle 例程失败,那么 SGA 中尚未写入磁盘的所有信息都会丢失。例如,操作系统的失败导致例程失败。例程丢失后,后台进程 SMON 在数据库重新打开时自动执行例程恢复。

恢复例程需要执行以下步骤:

前滚以恢复尚未记入数据文件但已经记入联机重做日志中的数据。由于例程失败时 SGA 的丢失,所以尚未将这些数据写入磁盘。在该进程中,SMON 读取重做日志文件并将重做日志中记录的更改应用到数据块中。由于提交的所有事务处理都已写入重做日志,因此该进程完全恢复了这些事务处理。

打开数据库以便用户可以登录。未被未恢复事务处理锁定的任何数据都立即可用。回退未提交的事务处理,它们由 SMON 回退,或在访问锁定的数据时由单个服务器进程回退。

SMON 也执行一些空间维护功能:联合或合并数据文件中空闲空间的邻近区域;回收临时段,将它们作为数据文件中的空闲空间返回。

②数据库写入程序 (DBWR):服务器进程在数据库缓冲区高速缓存中记录对还原块和

数据块所做的更改。DBWR 将数据库缓冲区高速缓存中的数据缓冲区写入数据文件。这可确保数据库缓冲区高速缓存中有足够数量的空闲缓冲区(即当服务器进程需要读取数据文件中的块时可以覆盖的缓冲区)可用。由于服务器进程只在数据库缓冲区高速缓存中进行更改,因此提高了数据库的性能。

③日志写入器（LGWR):LGWR 在下列情况下执行从重做日志缓冲区到重做日志文件的连续写入:

- 当提交事务时;
- 当重做日志缓冲区的三分之一填满时;
- 当重做日志缓冲区中记录了超过 1 MB 的更改时;
- 在 DBWn 将数据库缓冲区高速缓存中修改的块写入数据文件以前;
- 每隔 3 s。

因为恢复操作需要重做,所以 LGWR 只在重做写入磁盘后确认提交操作。LGWR 还可以调用 DBWR 来写入数据文件。

④检查点（CKPT):每隔 3 s,CKPT 进程就会向控制文件存储数据,以标识重做日志文件中恢复操作的起始位置,该操作称作检查点。检查点的用途是确保数据库缓冲区高速缓存中在时间点之间发生修改的所有缓冲区内容都已写入数据文件。这个时间点(称作检查点位置)是例程失败时开始恢复数据库的位置。DBWR 应将数据库缓冲区高速缓存中在该时间点之前发生修改的所有缓冲区内容写入数据文件。对于 Oracle9i 之前的版本,这项操作在重做日志的结尾处执行。切换日志时,CKPT 还将这个检查点的信息写入数据文件的头部。

启动检查点的原因如下:

- 确保定期向磁盘写入内存中发生修改的数据块,以便在系统或数据库失败时不会丢失数据;
- 缩短例程恢复所需的时间。只需处理最后一个检查点后面的重做日志条目以启动恢复操作;
- 确保提交的所有数据在关闭期间均已写入数据文件。

由 CKPT 写入的检查点信息包括检查点位置、系统更改号、重做日志中恢复操作的起始位置以及有关日志的信息等。

注　CKPT 并不将数据块写入磁盘,或将重做块写入联机重做日志。

⑤归档程序（ARCn):所有其他后台进程都是可选的,这将取决于数据库的配置;但是,其中的 ARCn 进程对于丢失磁盘数据后的数据库恢复起着至关重要的作用。当联机重做日志文件填满时,Oracle 服务器开始写入下一个联机重做日志文件。从一个重做日志到另一个重做日志的切换过程称为日志切换。ARCn 进程在每次日志切换时备份或归档已满的日志组。在日志能够重新使用之前,它自动将联机重做日志归档,从而保留对数据库所做的全部更改。这样,即使磁盘驱动器损坏,DBA 也能够将数据库恢复到出现故障前的状态。

2. Oracle 数据库

从物理的角度来看,Oracle 10g 数据库由各种物理文件组成,每个物理文件又由若干个 Oracle 块组成。物理文件是构成 Oracle 10g 数据库的基础。

Oracle 10g 数据库的物理文件主要有以下几种:

①数据文件(Data File);
②控制文件(Control File);
③日志文件(Redo File);
④初始化参数文件(Parameter File);
⑤其他 Oracle 物理文件。

各种物理文件关系如图 2.2 所示。各种物理文件简要介绍如下:

(1)数据文件

数据文件就是用来存放数据库数据的物理文件,文件后缀“.DBF”或者“.ORA”。数据文件存放的主要内容包括表中的数据、索引数据、数据字典定义、回滚事务所需信息、存储过程、函数和数据包的代码和用来排序的临时数据。

数据文件具有如下的特点:

①一个数据文件只能和一个数据库相关联;
②可以设置数据文件的自动扩展的特性;
③一个或者多个数据文件构成了一个数据库的逻辑存储单元——表空间。与数据文件相关的进程——DBWR,把汇集在内存中的数据写入到数据文件中。

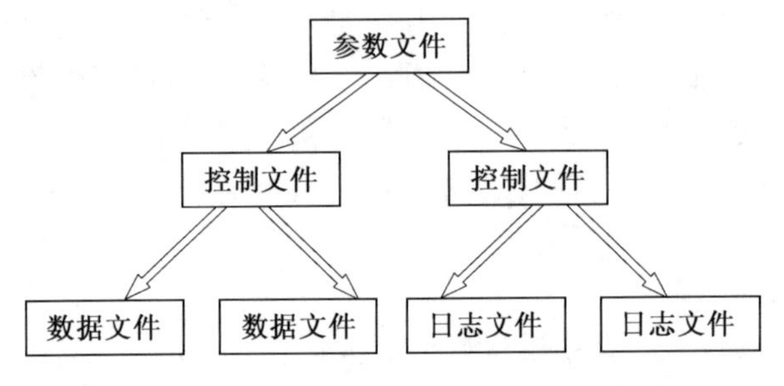

图 2.2 各种物理文件关系

(2)控制文件

控制文件用于记录和维护整个数据库的全局物理结构,它是一个二进制文件,文件后缀为“.CTL”。

控制文件存放了与 Oracle 10g 数据库物理文件有关的关键控制信息,如数据库名和创建时间、物理文件名、大小及存放位置等信息。控制文件在创建数据库时生成,以后当数据库发生任何物理变化都将被自动更新。每个数据库通常包含两个或多个控制文件,这几个控制文件在内容上保持一致。

控制文件的内容包括数据库名称、数据库创建的时间戳、相关的数据文件、重做日志文件的名称和位置、表空间信息、数据文件脱机范围等,还包括日志历史和当前日志序列数、归档日志信息、备份信息、检查点信息等。

控制文件非常重要,通常为保护控制文件采取如下措施:

①每一个数据库都要使用多路复制的控制文件;
②把每一个控制文件的复件保存在不同的物理磁盘上;
③使用操作系统的冗余镜像机制;
④监控备份。

(3)日志文件

日志文件用于记录对数据库进行的修改操作和事务操作,文件后缀为“.LOG”。

每个数据库至少包含两个重做日志组,这两个日志组是循环使用的。日志写入进程(LGWR)会将数据库发生的变化写入到日志组一,当日志组一写满后,即产生日志切换,LGWR 会将数据库发生的变化写入到日志组二,当日志组二也写满后,产生日志切换,LGWR 会将数据库发生的变化再写入日志组一,依次类推。

日志文件分为联机重做日志文件和归档日志文件。归档日志,是当前非活动重做日志的备份,可以使用归档日志进行恢复。

日志文件的模式可分为归档模式 Archivelog 和非归档模式 NoArchivelog 两种。

归档模式,将保留所有的重做日志内容。这样数据库可以从所有类型的失败中恢复,是最安全的数据库工作方式。对于非常重要的 Oraclc 10g 数据库应用,比如银行系统等,必须采用归档模式。

非归档模式,不保留以前的重做日志内容,适合于对数据库中数据要求不高的场合。

(4)参数文件

初始化参数文件 INIT.ORA 是一个文本文件,定义了要启动的数据库及内存结构的大约 200 多项参数信息。启动任何一个数据库之前,Oracle 系统都要读取初始化参数文件中的各项参数。

初始化参数文件主要用来对数据库实例参数的设置,常用的参数设置包括设置内存大小、设置数据库回滚段、设置要使用的数据库和控制文件、设置检查点、设置数据库的控制结构和非强制性后台进程的初始化。

(5)警告跟踪文件

警告文件(Alert File):由连续的消息和错误组成,可以看到 Oracle 内部错误、块损坏错误等。

跟踪文件(Trace File):存放着后台进程的警告和错误信息,每个后台进程都有相应的跟踪文件。

(6)备份文件

备份文件(Backup File):包含恢复数据库结构和数据文件所需的副本。

口令文件(Password File):存放用户口令的加密文件。

3. Oracle 数据库的逻辑存储结构

从逻辑的角度来看,Oracle 数据库由多个表空间组成,每个表空间下存放了多个段,每个段又分配了多个区,并且随着段中数据的增加区的个数也会自动增加,每个区应该由连续的多个数据块组成。Oracle 数据库的逻辑存储结构如图 2.3 所示。

(1)表空间(TableSpace)

表空间是 Oracle 数据库中数据的逻辑组织单位,通过表空间来组织数据库中的数据。数据库逻辑上由一个或多个表空间组成,表空间物理上是由一个或多个数据文件组成。通过使用表空间,Oracle 可以有效的控制数据库所占用的磁盘空间,并控制数据库用户的空间配额。

如果一个用户的表空间的存储空间不够用时,可以通过添加数据文件来增加空间配额。表空间和数据文件之间的关系,表现为一个或者多个数据文件构成了一个数据库的逻辑存储单元——表空间。典型的数据库表空间见表 2.1。

表 2.1 典型的数据库表空间

表空间名称	说　明
SYSTEM	是每个 Oracle 数据库都必须具备的部分
TEMP	用于存储临时表
TOOLS	用于存放数据库工具软件所需的数据库对象
UNDOTBS	用于保存回滚段(Rollback Segment)为 RBS
USERS	用于存放用户私有信息
CWMLITE	用于联机分析处理(OLAP)
DRSYS	用于存放与工作空间设置有关的信息
EXAMPLE	用于存放例程(Instance)信息
INDEX	用于存放数据库中的索引信息

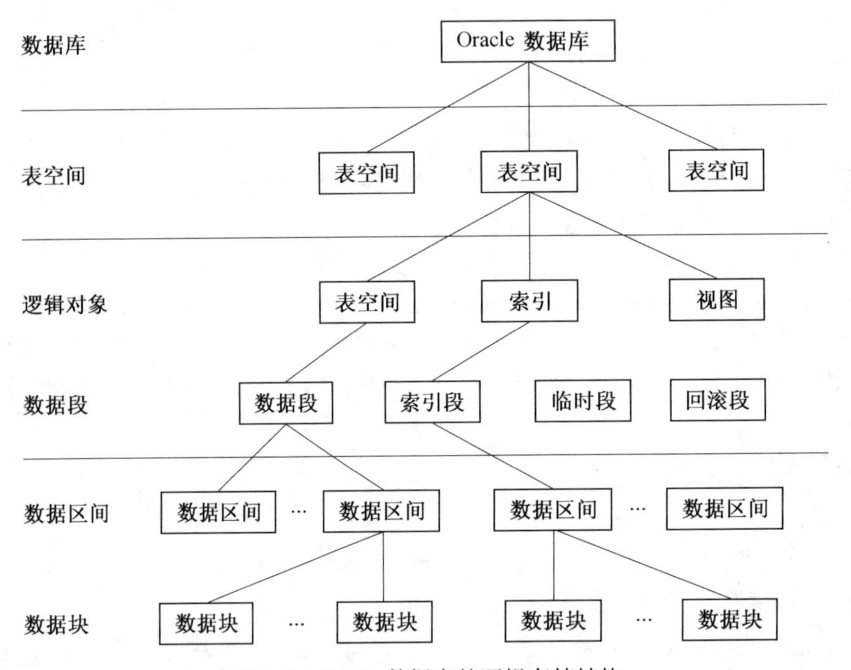

图 2.3　Oracle 数据库的逻辑存储结构

Oracle 通过将表空间联机或脱机来控制数据库中数据的可用性,即一个表空间有两种状态:联机和脱机。SYSTEM 表空间保持联机状态。

(2)段(Segment)、区间(Extent)和数据块

段包括数据段、索引段、临时段和回退段。每个段由若干个区间组成,每个区间由连续分配的相邻数据块组成,而每个数据块是数据库中最小的、最基本的存储单位。

①数据库段(Segment):表空间的下一级逻辑存储单元称为段(Segment),一个段只能存储同一种模式对象(Schema Object)。段数据不能跨越表空间,但段数据可以跨越同一表空间的多个数据文件。根据段中所存储的模式对象不同,段分成以下几类:

数据段:存储表数据,当用户建立表时,Oracle 自动建立数据段。数据段一般存储在 USERS 表空间。

索引段:存储数据库索引数据,当执行 CREATE INDEX 语句建立索引时,Oracle 自动建立索引段。索引段一般存储在 INDEX 表空间。

临时段:在执行查询、排序等操作时,Oracle 自动在 TEMP 表空间上创建一个临时段。

撤消段(回退段):记录数据库中所有事务修改前的数据值,这些数据用于读一致性、回退事务、恢复数据库实例等操作。Oracle 系统将回退数据(撤消数据)存储在 UNDOTBS 表空间。

系统引导段:记录数据库数据字典的基表信息。数据字典的基表一般存储在 SYSTEM 表空间。

②区间(Extent):Oracle 系统按需要以区(Extent)为单位为段分配空间。当段内现有区中的空间用完后,系统自动在表空间内为段分配一个新区间。一个段内区间的个数随着段内数据量的增加而增加。

分配区时按以下存储参数一次一次分配:INITIAL EXTENT 标识第一个区的大小,NEXT EXTENT 标识第二个区的大小,PCTINCREASE 指出从第三个区开始,在前一个区的基础上增长的百分比,MAXEXTENTS 指出一个段内最多的区的个数和 MINEXTENTS 指出一个段内最少的区的个数。

③数据块(Block):Oracle 数据库的最小存储数据单元称为数据块(Data Block)。块是 I/O 的最小单位,而区间是分配空间的最小单位。

数据块的字节长度由初始化参数文件中 DB_BLOCK_SIZE 参数设置。一个区由一定数量的连续数据块组成。

④表(Table)及其他逻辑对象:表是用于存放数据的数据库对象。按照功能的不同,表分为系统表和用户表。系统表又称数据字典,用于存储管理用户数据和数据库本身的数据,记录数据、口令、数据文件的位置等。用户表用于存放用户的数据。

除了表之外,Oracle 10g 数据库提供了其他逻辑对象(Logic Object),如高级队列 、数组、过程和函数、包、触发器等。

2.1.2　Oracle 的特点

Oracle 关系数据库产品具有以下的优良特性:

(1)兼容性(Compatibility)

兼容性涉及数据库语言的标准化与对其他 DBMS 的数据访问能力。Oracle 产品采用标准 SQL,并且经过美国国家标准技术所(NIST)测试。与 IBM SQL/DS,DB2,INGRES,IDMS/R 等 DBMS 兼容。所以用户开发的应用软件可以在其他基于 SQL 的数据库上运行。

(2)可移植性(Portability)

Oracle RDBMS 具有很宽范围的硬件与操作系统平台。它可以安装在 70 种以上不同机型的大、中、小型机、工作站与微机上,可在 VMS、DOS、UNIX、Windows 等多种操作系统上运行。为了使产品有可移植性,对于大部分独立于 OS 的软件采用 ANSI C 语言书写。而对于 OS 相关的部分,充分利用不同 OS 的特点,例如内存管理、进程管理、资源管理、磁盘输入/输出等。

(3)可联接性(Connectability)

Oracle 由于在各种机型上使用相同的软件,使得联网更加容易。能与多种通信网络接口,支持各种标准网络协议 TCP/IP、DECnet、LU6.2、X.25 等。提供在多种应用软件和数据库中进行分布处理的能力;能与非 Oracle DBMS 接口,它能够使在某些 Oracle 工具上建立的 Oracle 应用连接到非 Oracle DBMS 上。

(4)高生产率(High Productivity)

为了便于应用的开发和最终用户的使用,Oracle 除了为程序员提供两种类型的编程接口:预编译程序接口(PRO * C)和子程序调用接口(OCI)外,还为应用开发人员提供了应用生成、菜单管理、报表生成、电子表格接口等一批第四代开发工具,如 SQL * Forms、SQL * Report、SQL * Menu、SQL * Design DICTIONARY、SQL * Graphic、Easy * SQL 等。整个 Oracle 产品为应用软件提供一个公共运行环境,因而能大大提高软件的开发质量和效率。

(5)开放性

Oracle 良好的兼容性、可移植性、可联接性和高生产率使 Oracle RDBMS 成为一个高性能的开放式系统(Open System)。近年来,开放系统概念在计算机世界已成为最热门的话题和关注的热点。开放系统被认为是计算机技术发展的大趋势。开放系统的目的就是使不同厂商提供的不同的计算机系统、不同的操作系统相互联接,以达到企业内部数据和应用软件的共享要求。开放系统是相对于传统的、互不兼容的封闭式系统而言的一种新的公共运行环境,因而能大大提高软件的可移植性。从这一意义上看 Oracle 具有良好的开放性。

与以前的版本相比,Oracle 10g 具有以下特点:

(1)网格计算

网格计算可以将若干低成本的设置集成到一起,利用 RAC 技术,为用户提供高性能的共享计算架构。Oracle 10g 中,当计算负载增加时,新的服务器将更容易无缝地添加到原来的环境中,而当负载减少时,多余的资源也能更方便地重新分配给其他应用。Oracle 10g 还改进了 OEM,对硬件设备、数据库、应用服务器的安装、配置、实施、管理更加方便。

(2)自动存储管理(ASM)

自动存储管理是一项 Oracle 欲代替存储阵列软件、卷管理软件的技术,它允许用户创建镜像、条带化硬件。在 Oracle 10g 网格计算环境中,它允许用户比较方便地在节点分配硬盘与硬盘组,从而获得负载均衡的效果。

(3)RAC

RAC 和 Oracle 9i 提供的 RAC 不同的是,Oracle 10g 中,RAC 使用了一种便携式集群软件,从而结束了集群软件由硬件厂商或第三方厂商提供的现状。

(4)回闪(Flashback)数据库

回闪(Flashback)数据库在 Oracle 9i 中,Oracle 利用 AUM 提供有限的回闪服务,作用基本不大。在 Oracle 10g 中,这种服务应用范围有了很大的扩展。利用一种回闪日志,用户可以得到表级任一时刻的点恢复。

(5)回闪备份

回闪备份是一种增量式备份,也是利用回闪日志。通过对原来的一个基础级备份运用此后的回闪日志,可以在备份数据库前回滚事务,从而最终达到与产品数据库一致的状况。

(6)自动 SGA 管理

自动 SGA 管理在 Oracle 10g 中,用户将得到进一步的解放。对 Memory 的管理,Oracle 10g 中不再区分 Data Buffer,Shared Pool 等,只分为 Sga 与 Pga。Oracle 10g 能根据数据库的负载情况,自动平衡各个部分。

2.1.3　Oracle 适用领域

Oracle 是一个面向 Internet 计算环境的数据库。它是在数据库领域一直处于领先地位的 Oracle(即甲骨文公司)的产品。可以说 Oracle 关系数据库系统是目前世界上流行的关系数据库管理系统,系统可移植性好、使用方便、功能强,适用于各类大、中、小、微机环境。它是一种高效率、可靠性好的适应高吞吐量的数据库解决方案。

为了帮助中国用户及时、充分利用世界最先进的计算机软件技术与产品,Oracle 中国公司在产品汉化方面投入了大量的资源。目前,Oracle 的大部分产品均已实现了全面中文化,中文版产品的更新节奏与美国本土基本同步。与此同时,Oracle 在中国得到了国内计算机企业的广泛合作与支持,开发的数百个基于 Oracle 平台的商品化应用软件包,已经广泛应用于国内的政府部门、电信、邮政、公安、金融、保险、能源电力、交通、科教、石化、航空航天、民航等行业。

1. 航空航天与国防业管理软件

Oracle 公司对软件产品具有面向航空航天与国防业的强大功能的公司进行了一系列战略性收购——包括对 Siebel、PeopleSoft、G-Log、Demantra、Hyperion 和 Agile 等公司的收购——能够提供一组针对特定行业且具有高度可互操作性的最广泛的功能。

Oracle 提供了包括嵌入式数据、中间件和管理软件在内的所有关键组件,这些组件都基于开放标准,能够帮助航空航天与国防企业实现变革。Oracle 为航空航天与国防业制造商、服务提供商和运营商提供了高级分析功能,从而使这些企业能够获得商务智能、决策支持和全球性法规遵守管理。

Oracle 提供了针对航空航天与国防业的唯一全面集成的企业解决方案,这些解决方案可优化产品和服务创新、制造、项目驱动的供应链管理以及公司治理、风险管理和法规遵守计划的绩效。

Oracle 在航空航天与国防业管理软件方面处于领先地位。

Oracle 解决方案使航空航天与国防业合同商、系统集成商、服务提供商和运营商能够加速产品和服务的创新,优化项目驱动的供应链,实现卓越制造并遵守法规、公司治理和风险管理政策。Oracle 航空航天与国防业管理软件的高级分析功能提供了对客户规格要求、项目和合同状态、出差安排和法规遵守报告的实时洞察力。这是通过提供准确、可据以采取行动的信息来实现的,这些信息与后端办公、制造、供应链、服务和物流运营系统全面集成。

2. 汽车行业管理软件

Oracle 在汽车行业管理软件方面处于领先地位。Oracle 公司针对汽车行业完成了一系列战略性收购——包括对 Siebel、PeopleSoft、JD Edwards、G-Log、Demantra 和 Agile 等公司的收购——从而提供了一组最广泛的汽车行业特定功能。Oracle 为汽车行业原始设备制造商和供应商提供了高级分析功能,从而提供了商务智能、决策支持和全球法规遵守管理。Oracle是唯一针对汽车产品信息管理、制造、供应链、销售、服务和后端办公管理的全面集成的企业解决方案。

Oracle汽车行业管理软件使原始设备制造商和供应商能加快产品上市速度，优化需求驱动的供应链，并提供卓越的客户体验。Oracle汽车行业管理软件的高级分析功能提供对客户规格要求、生产进度、现有库存、质量以及销售和服务信息的实时洞察力。这是通过提供准确且可指导行动的信息实现的，这些信息与后端办公和生产制造以及销售和配送系统全面集成。

3. 化工行业管理软件

化工行业是世界经济的核心，它将原材料转化成用于多个行业的7万多种不同产品。随着全球化整合和商品化等趋势的发展，化工企业必须通过差异化实现增长，应对利润下降的压力，并优化全球供应链。

Oracle公司能为运输管理、需求管理和原有系统集成提供一流的工具。这些技术帮助企业提供差异化产品和服务，降低运营成本和实现利润最大化。

4. 通信行业管理软件

Oracle提供了跨整个通信系统的全面的解决方案组合——从运营商级服务器、存储和IT架构到任务关键的业务和运营支持系统和服务交付平台，从商务智能管理软件和零售销售点解决方案到支持全球超过20亿移动设备运行的JAVA平台。

通过长期致力于研发、进行一系列战略收购和在众多客户中成功应用，Oracle正在加速该行业向新一代服务和网络的转变，使通信公司能够通过实现以下收益来进行有效的竞争：构建强有力并可盈利的客户关系；加快收入增长和新业务模式的采用；最大限度地提高运营效率和IT投资回报。

2.2 SQL Server 简介

SQL Server是一个关系数据库管理系统。它最初是由Microsoft、Sybase和Ashton-Tate三家公司共同开发的，于1988年推出了第一个OS/2版本。在Windows NT推出后，Microsoft将SQL Server移植到Windows NT系统上，专注于开发推广SQL Server的Windows NT版本。常用的版本为SQL Server 2000，SQL Server 2005和SQL Server 2008。

SQL Server 2000是Microsoft公司推出的SQL Server数据库管理系统，该版本继承了SQL Server 7.0版本的优点，同时又比它增加了许多更先进的功能。具有使用方便，可伸缩性好与相关软件集成程度高等优点，可跨越运行Microsoft Windows 98的膝上型电脑到运行Microsoft Windows 2000的大型多处理器的服务器等多种平台使用。

SQL Server 2005是一个全面的数据库平台，使用集成的商业智能（BI）工具提供了企业级的数据管理。SQL Server 2005数据库引擎为关系型数据和结构化数据提供了更安全可靠的存储功能，可以构建和管理用于业务的高性能数据应用程序。SQL Server 2005数据引擎是本企业数据管理解决方案的核心。此外SQL Server 2005结合了分析、报表、集成和通知功能。这使企业可以构建和部署经济有效的BI解决方案，帮助您的团队通过记分卡、Dashboard、Web Services和移动设备将数据应用推向业务的各个领域。

SQL Server 2008 是一个重大的产品版本,它推出了许多新的特性和关键的改进,使得它成为迄今为止的最强大和最全面的 SQL Server 版本。该数据平台满足这些海量数据管理和下一代数据驱动应用程序的需求,支持数据平台愿景:关键任务企业数据平台、动态开发、关系数据和商业智能。数据平台愿景提供了一个解决方案来满足这些需求,这个解决方案就是公司可以使用存储和管理许多数据类型,包括 XML、E-mail、时间/日历、文件、文档、地理等,同时提供一个丰富的服务集合来与数据交互作用:搜索、查询、数据分析、报表、数据整合和强大的同步功能。

2.2.1　SQL Server 体系结构

SQL Server 有四大组件:协议(Protocol)、关系引擎(Relational Engine)(又称查询处理器(Query Processor))、存储引擎(Storage Engine)和 SQLOS。任何客户端应用程序提交给 SQL Server 执行的每一个批处理(Batch)都必须与这 4 个组件进行交互。SQL Server 数据库引擎的主要组件如图 2.4 所示。

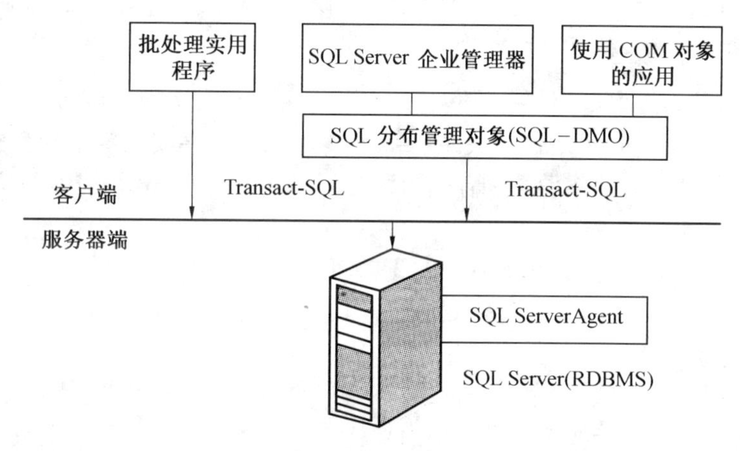

图 2.4　SQL Server 数据库引擎的主要组件

协议组件负责接收请求并把它们转换成关系引擎能够识别的形式。它还能够获取任意查询、状态信息、错误信息的最终结果,然后把这些结果转换成客户端能够理解的形式,最后再把它们返回到客户端。

关系引擎组件负责接受 SQL 批处理然后决定如何处理它们。对 T-SQL 查询和编程结构,关系引擎层可以解析、编译和优化请求并检查批处理的执行过程。如果批处理被执行时需要数据,它会发送一个数据请求到存储引擎。

存储引擎组件负责管理所有的数据访问,包括基于事务的命令(Transaction-based Command)和大批量操作(Bulk Operation)。这些操作包括备份、批量插入和某些数据库一致性检查(Database Consistency Checker,DBCC)命令。

SQLOS 组件:负责处理一些通常被认为是操作系统职责的活动,例如线程管理(调度),同步单元(Synchronization Primitive),死锁检测和包括缓冲池(Buffer Pool)的内存管理。

SQL Server 2005 引入了一套新的系统对象。它们使开发人员和数据库管理员能够观测到以前所无法观测到的很多 SQL Server 的内部信息。这些元数据被称为动态管理视图(DMV)和动态管理函数(DMF)。DMV 和 DMF 不是基于真实存在于数据库文件中的表,而是基于 SQL Server 的一些内部结构,它们都存在于系统架构(Sys Schema)中,其名字都以 dm_开头,后面跟着标明该对象功能类别的代码。

1. **协议组件概述**

当一个应用程序与 SQL Server 数据库引擎通讯时,协议层提供的应用程序编程接口利用微软定义的表格格式数据流(Tabular Data Stream ,TDS) 信息包来规范通讯格式。在服务器和客户端上都有可供使用的网络库(Net-Libraries),它可以用来把 TDS 信息包封装为标准的通信协议(例如 TCP/IP 和命名管道)信息包。在通信的服务器端,网络库是数据库引擎的一部分。在通信的客户端,网络库是 SQL Native Client 协议的一部分。客户端和 SQL Server 实例的配置决定了实际使用哪一种协议。可用的协议有以下几种:

- 共享内存:这是最简单的协议,无需配置;
- 命名管道:为局域网(LAN)而开发的协议;
- TCP/IP 因特网上使用最为广泛的协议;
- 虚拟接口适配器 (VIA):它是一种与 VIA 硬件一起使用的专门化的协议。

2. **关系引擎组件概述**

关系引擎又称为查询处理器。它包括用来确定某个查询所需要做的操作以及进行这些操作最佳方式的 SQL Server 组件。关系引擎也负责当其向存储引擎请求数据时查询的执行,并处理返回的结果。关系引擎和存储引擎之间的通讯一般以 OLE DB 行集的形式进行。

(1)命令解析器

命令解析器处理发送给 SQL Server 的 T-SQL 语言事件,它可以检查 T-SQL 语法的正确性并把其翻译为可以执行的内部格式,这种内部格式称为查询树。

(2)查询优化器

查询优化器从命令解析器获得查询树,并为它的实际执行作准备。不能优化的语句,例如控制流和 DDL 命令将会被编译成一种内部格式。可优化的语句会被标记并随后传送给优化器。查询优化器主要关注 DML 语句,包括:SELECT, INSERT,UPDATE 和 DELETE。这些语句可以有多种处理方式,由查询优化器来判断哪种处理方式是最佳的。查询优化器将编译整个批命令,优化可以优化的查询并检查安全性。查询优化和编译的结果就是一个执行计划。

(3)SQL 管理器

SQL 管理器负责管理与存贮过程及其执行计划有关的一切事务。它会判断什么时候一个执行计划需要重新编译,并管理存储过程的缓冲区以便其他进程能够重用这些缓冲区。SQL 管理器也负责管理查询的自动参数化。在 SQL Server 2005 中,某些定制的查询会被视为参数化的存储过程,SQL Server 会为这些查询生成并保存执行计划。但是在一些情况下复用保存的执行计划也许并不合时宜,从而需要重新编译该执行计划。

(4)数据库管理器

数据库管理器管理查询编译和查询优化所需的对元数据的访问,这使我们可以看清其实所有这些单独的模块都不能完全脱离其他模块来运行。元数据被作为数据存储并由存储引擎来进行管理,但是某些元数据要素,例如各数据列的数据类型和一张表上可用的索引必须在实际的查询执行开始之前就能够访问。

(5)查询执行器

查询执行器运行查询优化器生成的执行计划,它就像一个调度员负责调度执行计划中的所有命令。该模块逐步地运行执行计划中的每一个命令直到该批命令结束。其中大多数命令都需要与存储引擎进行交互来修改或取回数据以及管理事务和锁。

3. 存储引擎组件概述

传统上认为 SQL Server 存储引擎包括了与处理数据库中数据有关的所有组件。SQL Server 2005 从全部这些组件中抽出一些组成一个称为 SQLOS 的模块。实际上,微软 SQL Server 存储引擎团队的工作可以分为三个领域:存取方法,事务管理和 SQLOS。

(1)存取方法

当 SQL Server 需要定位数据时,它会调用存取方法代码。存取方法代码创建和请求对数据页面和索引页面进行扫描,并且准备好 OLE DB 数据行集来返回给关系引擎。类似地当插入数据时,存取方法代码可以从客户端取回一个 OLE DB 数据行集。存取方法代码包括用来打开一张表,取回合格的数据和更新数据的所有组件。存取方法代码并不真正取回数据页面。它向缓冲区管理器发出请求,缓冲区管理器负责最终从缓冲区中提供数据或者从磁盘上把数据读到缓冲区中。当扫描开始后,有一种预查机制会检查一个数据页上的数据行和索引项是否合格。取出符合指定标准的数据的过程称为“有效取出”。存取方法代码不仅被用于查询(SELECT)操作,还被用于有效的更新和删除操作(例如,含有 WHERE 子句的 UPDATE 语句)以及需要对索引项进行修改的任何数据修改操作。

(2)事务服务

SQL Server 的一个核心特性就是它能够保证事务的原子性——那就是一个事务要么全部做完,要么干脆不做。另外,事务必须是持久的,也就是说如果一个事务已经被提交了,SQL Server 必须做到不论在什么情况下(即使是整个系统在该事务提交生效之后 1 ms 就出故障了)也能够恢复该事务。实际上一个事务要同时具备 4 种我们称之为 ACID 的属性:原子性、持续性、隔离性和持久性。

(3) SQLOS

SQL Server 2005 之前的 SQL Server 版本在存储引擎和实际的操作系统之间有一层很薄的接口层,SQL Server 通过该接口层向操作系统申请分配内存,调度资源,管理进程和线程以及同步对象。但是访问该层所需要的服务可以分布在 SQL Server 引擎的任意部分中。现在 SQL Server 2005 对内存管理,调度器和对象同步等的需求已经变得更加复杂了。SQL Server 没有对其引擎中所有涉及访问操作系统的部分分别进行增强来支持功能的增长,而是选择了将所有需要访问操作系统的服务归为一组并纳入单个功能单元,该单元我们称之为 SQLOS。总的来讲,SQLOS 就像 SQL Server 内部的操作系统。它提供了内存管理,工作调度,IO 管理,锁和事务管理的框架,死锁探测,还包括副本制作,例外处理等各种通用功能。

4. 调度器

调度器是 SQLOS 的一个重要组成部分。可以认为 SQL Server 调度器是 SQL Server 工作程使用的一个逻辑 CPU。该工作程可以是一个线程也可以是一个绑定到逻辑调度器的的线程。如果设置了关联掩码选项,每个调度器都与某个 CPU 相关联。因此,每个工作程也都会与单个 CPU 相关联,每个调度器被指派的工作程数目极限取决于所设置的最大工作线程(Max Worker Threads)和调度器的数量,每个调度器根据需要负责创建和销毁工作程。一个工作程不能从一个调度器转移到另一个调度器,但是通过创建和销毁工作程,可以使得工作程看起来能够在调度器之间迁移。调度器收到请求(执行某个任务)并且没有空闲工作程存在时会创建新的工作程。一个工作程如果空闲时间超过 15 min 或者 SQL Server 内存紧张,就可能被销毁。每个工作程在 32 位系统中至少可以使用 0.5 MB 内存,在 64 位操作系统中至少可以使用 2 MB 内存。所以销毁多个工作程并释放它们所占用的内存在内存紧张的系统上可以收到立竿见影的性能改善。

5. 内存管理

SQL Server 2005 几乎是完全动态地管理它的内存的。在分配内存时,SQL Server 必须持续地与操作系统通信,这是 SQL Server 引擎中 SQLOS 层如此重要的原因之一。

(1)缓冲池和高速数据缓冲区

SQL Server 主要的内存组件是缓冲池。所有不被其他内存组件使用的存储器都保留在缓冲池里以便用作从磁盘上的数据库文件读取数据页的高速数据缓冲区。缓冲管理器管理磁盘 I/O 功能,将数据页和索引页放在数据高速缓冲区中以便多个用户可以共享数据。

当其他组件需要内存时,它们能够从缓冲池中申请一块缓冲区。一块缓冲区就是内存中的一个数据页,其大小与数据页和索引页相同。我们可以认为它就是一个可以容纳来自数据库页面的页框架。取自缓冲池为其他存储器组件使用的缓冲块使用其他种类的高速缓冲区,其中最大的主要用来作为存储过程和查询计划的高速缓冲区,通常称为“过程高速缓冲区”。

SQL Server 偶尔需要申请大于 8 KB 的连续内存块 ,缓冲池却只能提供 8 KB 的内存块。这时只能从缓冲池外分配内存。因为一般情况下,系统会控制尽量少地使用大内存块,所以直接通过操作系统分配的内存只占 SQL Server 内存使用的很少一部分。

(2)访问内存中的数据页

访问数据高速缓冲区中的页面必须非常迅速。当拥有数以 GB 计的数据时,即使是在真实内存中,以扫描整个高速缓冲区来寻找一个数据页的方法也是非常荒谬而低效的。因此高速缓冲区中的数据都经过哈希处理以支持高速数据访问。哈希方法是一种统一地利用经过一组哈希漏斗的哈希函数来映射一个键值的方法。一个哈希表是内存中的一个结构,它包含有一组指针(作为链接列表)指向缓冲区页面。如果一个哈希页面无法容纳指向缓冲页面的所有指针,那么链接列表会指向下一个哈希页面。

(3)管理数据高速缓冲区中的页面

只有当数据页和索引页存在于内存中时我们才能够读取它。因此数据高速缓冲区必须有可用缓冲区块来容纳读入的页面。保证即时使用的缓冲区块供给充足是一种重要的性能优化手段。如果没有可供即时使用的缓冲区块,SQL Server 将不得不搜索大量的内存页来寻找一个可以释放并可作为工作空间使用的缓冲区块。在 SQL Server 2005 中有一种机制既负责将改动过的页面写入磁盘,又负责将很久不被引用的页面标为自由页面。SQL Server 维护有一个由自由页面地址组成的链接列表,需要一个缓冲区页的工作线程可以使用该列表所指向的第一个页面。

(4)检查点

检查点过程也会周期性地扫描高速缓存并且将特定数据库中的脏数据页写入磁盘。检查点过程和惰性写入器(或者说是工作线程的页面管理)的不同在于检查点过程始终不会把缓存块加入自由列表。检查点过程的目的只是为了保证在某个特定时间之前写入的页面被写入磁盘,从而使内存中的脏数据页的数量保持在最小,这可以保证 SQL Server 在发生故障之后恢复一个数据库所需要的时间保持为最小。在某些情况下,如果大多数的脏数据页都被工作过程或两个检查点之间的惰性写入器写入磁盘,那么检查点会发现可写入磁盘的脏数据页非常之少。

当一个检查点发生时,SQL Server 会将该检查点的记录写入事务日志,事务日志中含有所有活动事务的记录。这使得恢复过程能够建立一个包含所有可能是脏数据页的页面列表。检查点能够按照规律间隔自动地发生,也可以人为地请求其发生。

检查点在如下几种情况下会被触发:

- 数据库所有者明确地发出检查点指令在数据库中执行检查点操作;
- 日志快要被充满时(已达到其容量的 70%)并且数据库是在 SIMPLE 恢复模式;
- 估计出的恢复时间非常之长。当预测的恢复时间比配置选项中的恢复间隔还要长时,一个检查点就会被触发;
- SQL Server 收到正常的没有附加 NOWAIT 选项的关闭请求之后,将会有一个检查点操作在 SQL Server 实例的每一个数据库上执行。

检查点过程会遍历整个缓存池,以非线性的顺序扫描数据页,并且当它发现一个脏数据页时,它会查看是否有成片脏的且物理上连续的页面,以便整块写入磁盘。但是这意味着(举例来说):当发现缓存块 14 是脏页时,它也许会将缓存块 14、200、260 和 1 000 写入磁盘。即使那些页面在缓冲池中相距较远,它们仍可能会有连续的物理位置。在这个例子中,这些缓冲池中并不连续的页面能够作为单个操作写入磁盘,这种操作我们称之为聚集写入。该检查点过程会继续扫描缓存池直到到达页面 1 000。在某些情况下,一个已经写入的页面可能会再度变脏,并且需要第二次写入磁盘。

2.2.2　SQL Server 的特点

作为微软一个重大的产品版本,SQL Server 2008 除了许多新的特性和关键的改进,使得它成为迄今为止的最强大和最全面的 SQL Server 版本外,SQL Server 2008 中的新功能也是其一大亮点,SQL Server 2008 的独到之处如下。

(1)安装

SQL Server 2008 的设置和安装也有所改进。配置数据和引擎位已经分开了,所以它使创建基本的未配置系统的磁盘图像变得可能了,它使分布到多个服务器变得更容易了。从之前提供的微软 SQL Server 2008 产品下载试用主页也可以找到安装可用的最新更新。另一个特点是有能力把安装 SQL、SP 和补丁做成一个单一的步骤了。

(2)数据加密

允许加密整个数据库、数据文件或日志文件,无需更改应用程序。这样做的好处包括同时使用范围和模糊搜索来搜索加密的数据,从未经授权的用户搜索安全的数据,可以不更改现有应用程序的情况下进行数据加密。

(3)热添加 CPU

允许 CPU 资源在支持的硬件平台上添加到 SQL Server 2008,以动态调节数据库大小而不强制应用程序宕机。注意,SQL Server 已经支持在线添加内存资源的能力。

(4)审计

除了登录/登出和权限更改的标准审计外,SQL Server 2008 允许监控数据的更改或访问。通过 DDL 创建和管理审计,同时通过提供更全面的数据审计来简化遵从性。

(5)数据压缩

对于 SQL Server 的数据压缩而言,主要的目的是实际表的尺寸减小。据微软所说,使用压缩时会轻微的增加 CPU 的使用,整个系统的性能会因为 I/O 的减少而得到提升。数据压缩可更有效地存储数据,并减少数据的存储需求。数据压缩还为大 I/O 边界工作量(例如数据仓库)提供极大的性能提高。

(6)资源管理器

SQL Server 2008 里资源管理器是崭新的。管理器用于限制用户或用户组使用高级别的资源。能够监视的项目包括 CPU 带宽、超时等待、执行时间、阻塞时间和空闲时间。如果达到资源管理器的阈值,系统可以触发一个事件或停止进程。

(7)性能数据收集

性能调节和故障诊断对于管理员来说是一项耗时的任务。为了给管理员提供可操作的性能检查,SQL Server 2008 包含更多详尽性能数据的集合,一个用于存储性能数据的集中化的新数据仓库,以及用于报告和监视的新工具。

由此可见,SQL Server 2008 系统依靠的技术更新为用户提供对于管理数据和功能变革的全面挑战。具有在关键领域方面的显著优势,SQL Server 2008 是一个可信任的、高效的、智能的数据平台。SQL Server 2008 是微软数据平台愿景中的一个主要部分,旨在满足目前和将来管理和使用数据的需求。

2.2.3 SQL Server 适用领域

SQL 是微软开发的关系型数据库,旨在抢占数据库领域的中高端市场,微软虽然强大,但非专业做数据库的公司,SQL Server 的性能根本无法与 Oracle 和 DB2 相媲美。但由于微软 Windows 操作系统的普及,使得 SQL Server 和 Windows 操作系统兼容非常好,稳定性极佳,通过 MD5 加密技术后,安全性也较微软的前一款桌面形数据库软件有了质的提升,受到中小型企业的欢迎,牢牢地控制着数据库的中低端市场。

只要 Windows 操作系统不被淘汰,SQL Server 就会经久不衰地称霸数据库领域的中、低端市场,除政府部门和超大型公司外,SQL Server 可以满足一切用户的需要,前途非常光明。

2.3 DB2 简介

DB2 是 IBM 公司开发的关系型数据库管理系统产品。1996 年 IBM 发布 DB2 V2.2.2,这是第一个真正支持 JAVA 和 JDBC 的数据库产品。同年 DB2 更名为 DB2 UDB(DB2 通用数据库),到 2008 年 DB2 UDB 已经发展到了 9.5 版本,将数据库领域带入到 XML 时代。IBM DB2 9 将传统的高性能、易用性与自描述、灵活的 XML 相结合,转变成为交互式、充满活力的数据服务器。

2.3.1　DB2 体系结构

1. DB2 数据库产品组件

DB2 数据库产品包含了很多产品组件，大致分为如下几个：DB2 引擎、DB2 连接器、运行时客户端、应用程序开发客户端、管理客户端、分布式关系数据库应用请求端、分布式关系数据库应用服务器端。

(1) DB2 引擎

DB2 引擎是整个数据库管理系统的核心，提供了最基本、最重要的功能。它负责管理和控制 DB2 对数据的存取、存储存取计划、提供对事务的管理、保障数据的完整性约束、对数据提供保护、提供对应用程序的并发控制。DB2 引擎决定了数据库管理系统是否稳定和高效。

(2) DB2 连接器

DB2 连接器可以提供对 DRDA(Distributed Relational Database Architecture，分布式关系数据库应用请求端)的支持，Intel 平台和 Unix 平台上的客户端应用程序可以通过它提供的一些支持对大型机等的数据库服务器进行存取。

在大型机上运行的数据库应用程序遵循 DRDA 的体系结构进行通信。在这种体系架构之中，请求数据的一方称为 DRDA 应用请求端，接收请求的一方称为 DRDA 应用服务器。

(3) 运行时客户端

在 DB2 应用程序开发完成以后，需要在每个要运行 DB2 应用程序的工作站安装 DB2 运行时客户端(DB2 Runtime Client)。如果应用程序和数据库系统安装在同一台机器上，这样的应用程序被称为本地客户端程序。如果应用程序和数据库系统被安装在不同的机器上，这样的应用程序被称为远程客户端程序。

运行时客户端提供与 DB2 服务器和 DB2 连接器的通信。在这个组件中，提供了命令行处理器(Command Line Processor，CLP)，允许用户执行动态 SQL 语句和 DB2 命令，对本地或远程的数据库服务器进行存取；提供了对 ODBC 和 JDBC 的支持，允许用户开发 ODBC 或者 JDBC 的应用程序，从而完成对数据库数据的存取。可以说，要想对数据库服务器进行数据存取，运行客户端是必不可少的。

(4) 应用程序开发客户端

应用程序开发客户端是专门为应用程序开发人员准备的，它包含了开发数据库应用程序所需要的各种组件，包括运行客户端、预编译器、包含文件、库函数和帮助文档等。应用程序开发客户端包括所有的 DB2 图形化管理工具，同时具备 DB2 运行时客户端的全部功能。

(5) 管理客户端

管理客户端是客户端的管理工具，用来对 DB2 数据库服务器进行图形化的管理和监控。它包含一系列的图形化工具，方便用户对数据库服务器进行远程或本地管理。管理客户端包含了运行时客户端的全部功能。

(6) 分布式关系数据库应用请求端

DRDA 应用请求端提供了远程客户机支持。客户端应用程序可以通过多种网络协议对数据库服务器进行存取。

(7)分布式关系数据库应用服务器端

DRDA 应用服务器端是主要用于安装 DB2 连接器的目标数据库服务器。作为远程的数据库服务器,允许客户端应用程序进行存取数据和访问数据。一个 DB2 连接器可以作为到主 DRDA 应用程序服务器的 DRDA 应用请求端与 DB2 服务器进行连接的连接器。

2. DB2 数据库逻辑结构

在 DB2 数据库服务器中,从逻辑的角度,分成若干个层次,如图 2.5 所示。

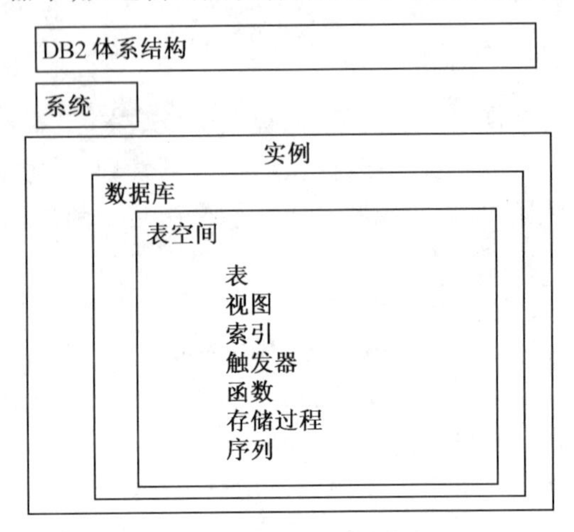

图 2.5　DB2 数据库逻辑结构

(1)系统(System)代表主机

系统代表主机是最高的层次,在这个层次可以配置对该主机上所有实例和数据库都产生影响的系统参数。实例是一个逻辑上的数据库管理环境,可以独立管理和控制分配给它的资源。每个实例当中可以创建多个数据库,每个数据库中可以包含多个表空间,表空间中可以包含表、索引、大对象等数据库对象。实例和数据库都拥有自己的配置参数,通过设置它们,可以实现对实例和数据库的定制化管理。

(2)实例(Instance)

实例是逻辑数据库管理器环境,可以在实例中创建数据库、对数据库进行编目和设置配置参数。根据需要,可以在同一台物理服务器上创建多个实例,每个实例拥有唯一的数据库服务器环境。通常情况下,一套系统在研发阶段处于一个实例中,在测试阶段使用另一个实例,这样开发和测试可以隔离开,相互不产生干扰。当系统可以正式发布时,直接从测试的实例进行升迁即可。

使用实例的另外一个好处是可以从实例和数据库两个层次进行权限管理。通常 DBA 都拥有对数据库很高的权限,但是当系统正式上线之后,考虑到某些业务的保密性,进行数据库维护的 DBA 不应该看到数据库中具体的数据。在 DB2 中,给这样的 DBA 分配 SYSCTRL 权限(实例级别的权限),而不分配 DBADM 权限(数据库级别的权限),就可以实现让该 DBA 对数据库进行正常的维护,而无法看到数据库内部的数据。

实例是一个逻辑环境,每个实例对应于一个进程,每个实例都拥有独立的系统资源。

(3)数据库(Database)

数据库是有组织的、可共享的数据集合。DB2 是关系型数据库,基本的数据结构是二维表格,二维表由一组已定义的列和任意数目的行组成,表与表之间可以存在关联,可以通过 SQL 语句定义、修改、查询表结构和表中的数据。从 DB2 V9 开始还增加了 XML 数据类型,同时提供了 XQuery 查询方法,这种新特性适用于非关系型的数据存储,是对现有关系型数据库的良好补充。

数据库中除了包含表之外,还包括视图、索引、触发器、存储过程等对象,这些对象都能够在特定领域方便数据的管理。

数据库可以是本地的,也可以是远程的。物理上位于本地计算机的数据库为本地数据库,物理上位于另一台计算机的数据库称为远程数据库。

在实际的生产环境中,还经常使用分布式数据库、分区数据库和联邦数据库。

(4)缓冲池(Buffer Pool)

缓冲池是内存中的一块区域,用于临时读入和更新数据库页(包含表行或者索引项)。在计算机领域有一个著名的 80 | 20 法则,即有 80% 的时间会使用 20% 的数据,而只有另外 20% 的时间才会使用其余 80% 的数据。换句话说,现在正在使用的数据,在不久的将来还很有可能(大约 80%)会使用到。这一法则在数据库领域效果更加明显。根据这个规律,可以把最频繁使用的数据从硬盘事先放到内存中,供用户或者程序使用,因为内存的速度要远远高于硬盘的速度。所以,能够从内存中读写的数据越多,读写硬盘(也称为 I/O)的次数和时间越少,数据库运行的效率就会越高。缓冲池就是这块内存区域。每个数据库都至少要包含一个缓冲池。

缓冲池由很多页面构成,同一个缓冲池的所有页面必须大小相同。DB2 V9 支持四种大小的页面:4K,8K,16K 和 32K。如果一个数据库包含不同页面大小的表空间,就应该为每一种页面大小的表空间创建一个相同页面大小的缓冲池。在 UNIX 或 Linux 环境下,SAMPLE 数据库默认的缓冲池名称为 IBMDEFAULTBP,页大小为 8K,共 1 000 页。在 Windows 环境下,SAMPLE 数据库默认的缓冲池名称也是 IBMDEFAULTBP,页大小为 8K,共 250 页。

(5)表空间(Table Space)

表空间是 DB2 数据库中存储数据的逻辑块。之所以称作逻辑块,是因为它实现了把真正的物理存储设备进行划分的功能。真正在底层存储数据的称为容器,容器可以是裸设备(又叫原始分区,指在 UNIX 或 Linux 下没有格式化的、不通过文件系统来管理的磁盘分区)、目录或者文件。表空间把若干个容器组织起来,使之更有效地进行存储。一个表空间中可以包含一个或多个容器,但是一个容器只能属于一个表空间。如果一个表空间包含多个容器,存放在这个表空间中的数据会循环存储在每一个容器中。与缓冲池一样,目前版本的 DB2 表空间所包含的容器也由 4 种大小的页面构成:4K,8K,16K 和 32K。合理地分配表空间,可以有效地提高数据存取的效率。通常情况下,把表数据放在一个表空间中,把索引数据放在另一个表空间,把大对象再单独放到一个表空间,如果这些表空间所包含的容器在多块不同的磁盘上,就能够让这些数据并行地进行存取。

(6)模式(Schema)

模式是一个逻辑分组,每个数据库内部的对象在创建时,都可以显式或者隐式地指定模式,同一个模式下的对象构成一个集合。从某种角度来说,模式与用户比较相似,但是与用户也有不同之处,DB2 的用户必须存在于操作系统中,而模式并不需要存在于操作系统中,也不需要与用户一一对应。

(7)其他对象

表空间中包含表、索引、视图等很多数据库内部对象。表用于存储实际的数据,数据库中除了最常用的基本表之外,还可以定义用户临时表,每个用户临时表只对创建它的用户是可见的,在应用程序结束的时候系统自动删除用户临时表。索引是为了提高查询效率而设置的一种对象。而视图是根据一定条件架设在基本表之上的一种虚表,本身不存储数据,可以透过视图查看基本表中的数据。

创建表的时候要指定每个字段的数据类型和约束条件,从 DB2 V9 开始除了传统的数值、字符、日期时间、空值之外,还引入了一种 XML 数据类型,而且提供了专门对它进行查询的 XQuery 语句。约束条件除了表中 SQL 中规定的非空、唯一、主码、外码和检查之外,还支持缺省值和标识列约束。与标识列功能相似的一种对象是序列,但是序列不依赖于表,而且不会发生并发性问题。

在数据库中有三种与程序相关的对象:存储过程、触发器和函数。存储过程类似于高级语言中的子函数或者方法,可以提供输入输出参数,在存储过程内部实现具体的业务逻辑。函数可以有多个输入参数,但最终只返回一个值,它通常只处理非常简单的事情。触发器是一种根据数据库内容变化而自动执行的程序,定义在一张表上,当表中的数据发生一定的变化时,就触发了预先定义的条件,从而去执行一些预定义的动作。通常触发器用于保证数据库中各个表之间的数据一致性。

2.3.2 DB2 的特点

DB2 可以运行在从 IBM 到非 IBM(HP 及 SUN UNIX 系统等)的各种操作平台。它既可以在主机上以主/从方式独立运行,也可以在客户/服务器环境中运行。其中服务器平台可以是 OS/400,AIX,HP-UNIX,SUN-Solaris 和 Windows 等操作系统,客户机平台可以是 Windows,Dos,AIX,HP-UX 和 SUN Solaris 等操作系统。各种平台上的 DB2 产品有共同的应用程序接口,运行在一种平台上的程序可以方便地移植到其他平台。

DB2 数据库核心又称作 DB2 公共服务器,采用多进程多线程体系结构,可以运行于多种操作系统之上,并分别根据相应平台环境作出调整和优化,以便能够达到较好的性能。DB2 核心数据库的特色包括以下内容:

(1)支持面向对象的编程。DB2 支持复杂的数据结构,如无结构文本对象,可以对无结构文本对象进行布尔匹配、最接近匹配和任意匹配等搜索。可以建立用户数据类型和用户自定义函数。

(2)支持多媒体应用程序。DB2 支持二进制大对象(BLOB),允许在数据库中存取二进制大对象和文本大对象。其中,二进制大对象可以用来存储多媒体对象。

(3)备份和恢复能力。

(4)支持存储过程和触发器,用户可以在建表时定义复杂的完整性规则。

(5)支持高级 SQL 查询。

(6)支持异构分布式数据库访问。

(7)支持数据复制。

2.3.3 DB2 适用领域

从 1983 年至今,DB2 已有 20 多年的发展史,其稳定性、安全性、高效性早已得到公认,绝大多数的世界 500 强企业均使用 DB2 产品(最主要的原因在于这些公司几乎都使用 IBM 的大型机和巨型机作为自己的数据库服务器,所以软件也自然而然地使用了 IBM 的产品)。到目前为止,DB2 在金融、电信、保险、铁路、航空、工业、制造业、医院、旅游等领域应用广泛,尤其在金融系统备受青睐,极大地推动了信息技术在商业领域的发展。

本章小结

本章介绍了几种常用的数据库管理系统的体系结构、特点和应用领域。通常选择一个数据库管理系统要注意以下几个方面:

(1)构造数据库的难易程度;

(2)程序开发的难易程度;

(3)数据库管理系统的性能分析;

(4)对分布式应用的支持;

(5)并行处理能力;

(6)可移植性和可扩展性;

(7)数据完整性约束;

(8)并发控制功能;

(9)容错能力;

(10)安全性控制;

(11)支持汉字处理能力。

第 3 章

企业供产销管理系统的设计与实现

学习目标 本章主要介绍企业供产销管理系统的设计与实现,旨在通过实例来说明一个供产销管理系统的数据库设计与应用。

3.1 系统需求说明

随着市场竞争的日益激烈,企业对信息化的需求在急速增加,同时对信息化的要求也在不断提高。企业的信息化过程经历了以下几个阶段:以单项目应用为主的电子数据处理(Eleetronic Data Process,EDP)阶段,企业信息管理系统(Management Information System,MIS)阶段和目前的决策支持系统(Decision Support System,DSS)阶段。另外,目前还存在群决策支持系统(GroupDSS,GDSS)和将人工智能(Artificial Intelligence,AI)技术引入到DSS中的智能决策支持系统(Intelligent Decision Support System,IDSS)。这些新型管理系统的出现满足了企业不断提高的智能化管理需求。

供产销管理系统属于企业管理信息系统(MIS)的一种,企业MIS应该不仅仅是对企业中不同部门的分工及企业的运行机制的简单模拟,而应是能够整合企业以前分散的业务及功能,并将信息技术真正融入于企业管理的理念。本章选用药厂供产销管理系统为实例涉及药厂采购、生产、销售等多个流程。后台数据库选为SQL Server 2000,前台应用JSP技术,系统在Windows XP操作系统下运行。本章每节分别对系统的各个设计步骤做了详细的说明。

本系统是为药厂供产销业务提供的一套完善便捷的管理系统,系统采用瀑布模型开发方法。瀑布模型又称为经典生命周期,它提出了一个系统的、顺序的软件开发方法,从用户需求规格说明开始,通过策划、建模、构件和部署的过程,最终提供一个完整的软件并提供持续的技术支持。

3.1.1 需求调研

药厂的供产销业务涉及到药厂计划部、采购部、仓储部、生产车间、销售部、财务部、辅助部及管理人员等多个部门,并且每个部门各自具有其需求特点。根据在药厂的实际调研得悉,药厂供产销业务流程的开始是制定采购计划,此任务由计划部门负责完成。采购部门根据计划进行采购,采购回来的各种物品送到仓储部门进行入库,并且采购物品的明细需要到财务部门进行报账。同时,计划部门给生产车间下达生产计划,生产车间接到生产任务后到仓储部门提取原材料,并进行药品的生产。在生产过程中检验部门会对成品进行检验。检验合格的成品将送往仓储部门的成品库进行入库。销售部门负责从成品库提取成品并销往各个销售地点。同时销售部门的核算人员负责统计各个成品的销量并将销量上报给财务部门。财务部门在整个流程中需要记录材料明细账、成品明细账，其中材料明细包括原材料明细及设备、办公用品等的明细，另外还要记录企业管理费用、生产成本和销售收入，并且需要在一定的时候核算每种产品的成本价格，一般在月末核算当月的销售利润。

下面详细介绍各部门的主要工作任务及工作流程：

计划部门：根据仓库材料及成品储备情况制定药厂需求计划，其中包括生产计划和采购计划。

采购部门：按采购计划进行采购、制作材料入库单并将采购回物品入库，然后到财务部门报账。材料入库单一式四份，除一份作为存根外，其余三份分别保存于采购部门、材料库以及财务部门。

仓储部门：仓储部门拥有材料库和成品库。其中，材料库又分为原材料库和其他库存。原材料库用来进行存储采购回的各种制药材料；其他库存用来存储采购入库的设备等各种其他材料。成品库用来存储可以出厂的成品。仓库部门还负责根据材料库及成品库的库存情况向计划部门递交仓储计划，即建议购买哪些材料等。

生产车间：接到生产计划后制定取料单并到材料库提取原材料。取料单一式四份，除一份作为存根外，其余分别保存于生产车间、材料库以及财务部门。当生产进行完后，制定成品入库单，并将成品入库，成品入库单一式四份，除一份作为存根外，其余分别保存于生产车间、成品库以及财务部门。

销售部门：首先制作成品出库单并从成品库中提取成品，当把成品销往各个销售地点后需要由核算人员统计每种产品销量。成品出库单一式四份，除一份作为存根外，其余分别保存于销售部门、成品库以及财务部门。

财务部门：负责记录材料明细账、产品明细账、企业管理费用、生产成本，并且核算当月销售收入，计算当月销售利润等。

辅助部门：辅助部门包括水电科、设备科、检验科等，这些部门辅助生产工作的进行，并且在药品生产的过程中产生各种费用。例如，工厂的水电费用，设备的折旧费用等。这些费用分别计入企业管理费用或生产成本中。

管理人员：这里指有特殊权限的企业高层领导，可以查看及管理各个部门的生产运行情况。

以上是对规模较小的药厂进行的实际调研分析得出的结果，在实际规模较大的工厂中可能会出现一些其他的需求细节，新需求的增加可以在原模型中使用增量模型分析方法。其实在许多情况下，初始的软件需要有明确的定义，但是整个开发过程却不宜单纯运用线性模型。若是面临迫切为用户迅速提供一套功能有限的软件产品，然后在后续版本中再细化和扩展功能的情况下，可以选用增量模型即一种以增量的形式生产软件产品的过程模型。

3.1.2　构建需求分析模型

需求分析向软件设计者提供信息、功能和行为的表示，这些表示可以被转化为结构、接口和构件级的设计。最终，在软件完成后，分析模型和需求规格说明就为开发人员和客户提供了评估软件质量的手段。在本系统中，由于业务涉及到资金及产品在各个部门的流动，所以采用数据流模型（DFD）对系统需求进行分析。数据流建模是结构化分析中的核心建模活动,数据流图的特点是有助于开发信息领域的模型,并同时能开发功能域的模型,当数据流模型设计到非常详细的程度时,也就完成了系统的功能分解,即可以从中提取出系统的功能模型。药厂供产销管理系统的最终数据流模型图如图3.1所示。

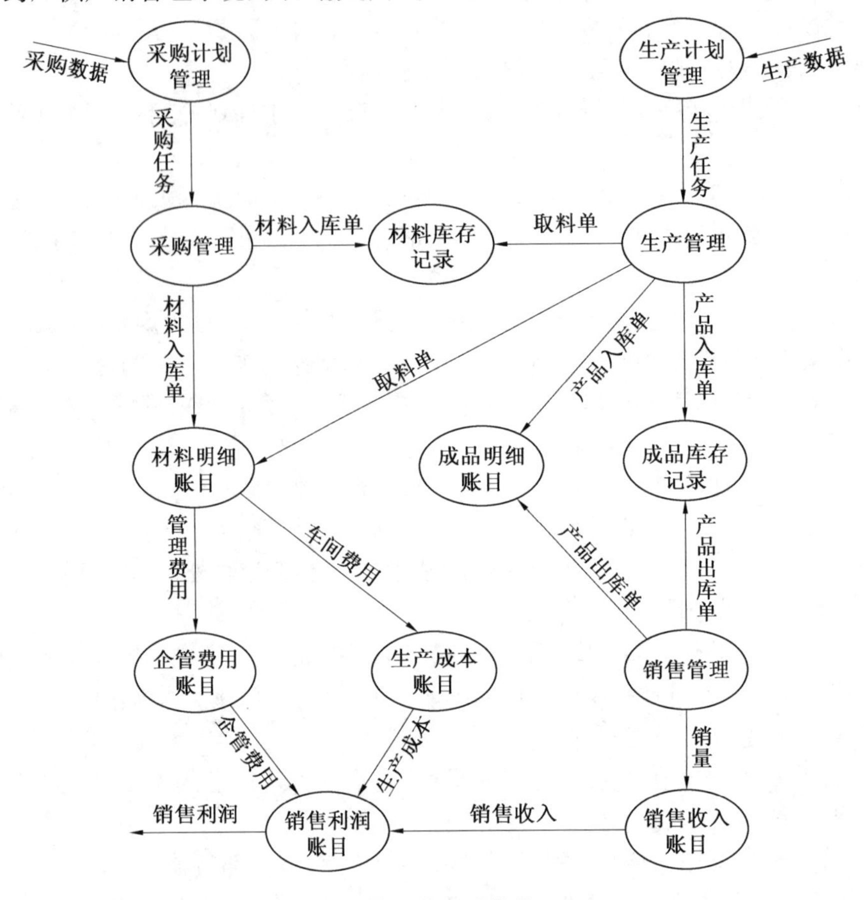

图3.1 药厂管理系统的DFD

上面省略了DFD的精化过程,图中描述的是已经精化到最后一层的DFD,可以看到图中已经省略了所有名词,即外部实体。其中,每个泡泡代表了一个不可再分的可执行功能,带箭头的线段表示数据的流向,线段上方的说明表明每个功能执行时需要输入输出的数据。

3.2 数据库设计与实现

系统的运行效率、冗余程度、可靠性以及稳定性等指标除了与上层代码有关外,更多地受到系统数据库效率的影响,所以设计一个规范、高效的数据库是系统成功的关键。下面分别介绍一下药厂供产销管理系统的数据库需求分析、概念结构设计、逻辑结构设计以及物理结构设计。

3.2.1 需求分析

数据库需求分析的目的是在数据库概念设计等步骤之前,尽可能组织出一份详尽合理的数据字典,这一步骤的成功完成可以为系统后期设计打下坚实的基础。

在数据库需求分析阶段,我们要做的是调查用户的需求,收集基本数据,了解数据结构,并且熟悉数据处理的流程。基于3.1节对用户进行的需求调研以及为系统建立的DFD,我们已经掌握了系统中数据流的流动以及系统功能的大致需求。下面我们要进一步细化系统需求,并且根据调研的各种数据资料确定数据字典中的数据项及数据结构等。为了实现细化需求这一目的,我们要对不同类型的用户分别进行功能需求分析。

在本系统中,用户可以分为以下七大类:计划部门、采购部门、生产车间、仓储部门、销售部门、财务部门、系统管理人员。下面是对各类用户进行需求分析的结果:

计划部门:负责制定采购计划,包括对采购计划的增加及修改。负责制定生产计划,包括对生产计划的增加及修改。可以浏览由仓储部门上报的仓储计划。另外,这部分人员可以查看系统的仓储管理、销售管理的相应资料。

采购部门:浏览及查询采购计划,制定材料入库单。

生产车间:查看采购计划、制定取料单。

仓储部门:负责制定仓储计划并将其上报到采购计划部门。查看及修改材料库及成品库的数据,这里材料库中的材料又分为原材料与设备等其他材料。其中,对一个中西药都生产的药厂来说,原材料又分为中药原材料及西药原材料。在本系统中,西药原材料又有所细分,分为针剂材料和外用药材料。在月末账物核对工作中可以查看财务部门当月材料明细以及成品明细中相应的“结余”数据项。

销售部门:查看成品库数据,制定成品出库单,查看及管理销售数据,并且对当月不同产品的销量进行核算并将最后结果提交给财务部门。

财务部门:录入采购费等各种销售费用,销售费用又可以细分为企业管理费用和生产成本。并且根据财务工作要求,还要录入材料和成品的明细账。核算当月销售收入,计算当月利润。出于财务业务需要,财务人员可以查看当月产品销售量,可以查看仓储部门当月结余。

系统管理人员:可以操作系统所有功能,并且可以对系统各部门数据进行维护,这些数据包括采购计划数据、仓储数据、财务数据。仓储数据中又包含有材料库数据和成品库数据。由于财务数据涉及到企业的资金业务,所以管理员必须是有特殊权限的企业高层领导才可以担任。

根据对不同部门的详细需求分析,描绘出了按部门分类的系统功能模块划分图如图3.2所示。

根据上述对各类人员功能需求的分析,结合调研得到的相应数据,并考虑以后功能的扩展,现将数据项和数据结构的设计如下:

用户信息所包含的数据项:用户类别、用户名、密码。

采购计划所包含的数据项:计划项目编号、材料名称、规格、采购数量、单位、单价、金额、时间。

生产计划所包含的数据项:计划项目编号、产品名称、规格、数量、单位、生产车间、时间。

材料信息所包含的数据项:材料编号、材料名称。

成品信息所包含的数据项:产品编号、产品名称、生产车间。

仓库信息所包含的数据项:仓库编号、仓库名称。其中仓库名称包括中药材料库、针剂材料库、外用药材料库、其他材料库和成品库等。

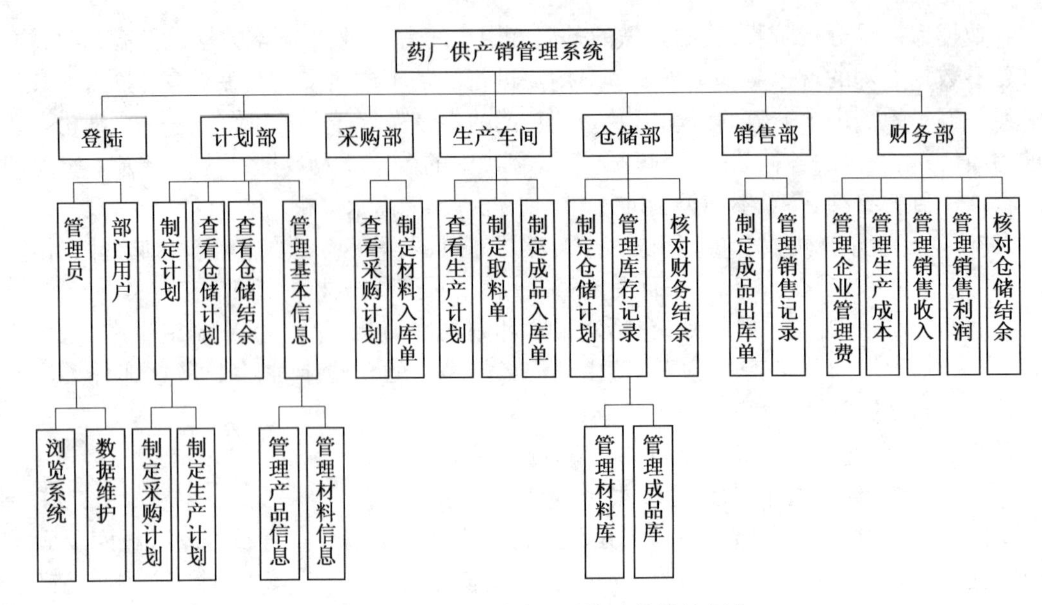

图 3.2 按部门分类的系统功能模块划分

生产车间包含的数据项:车间编号、车间名称。其中车间名称包括针剂车间、外用药车间和中药车间。

取料单包含的数据项:项目编号、材料名称、规格、数量、单位、单价、金额、经手人、审核人、车间名称、时间。

仓储计划包含的数据项:项目编号、材料名称、规格、数量、单位、时间。

材料仓储记录所包含的数据项:记录编号、材料名称、质检号、规格、数量、单位、操作、来源/部门、仓库名称、结余、时间、经手人、保管员。其中操作包括入库和出库。来源/部门这一项是指材料来源地或者出库部门,质检单号这部分只在入库时使用。结余项统计的是材料的结余数量。

成品仓储记录所包含的数据项:记录编号、产品名称、质检号、规格、数量、单位、操作、入库/出库部门、仓库名称、结余、时间、经手人、保管员。其中操作包括入库和出库。

产成品入库单所包含的数据项:项目编号、产品名称、质检号、规格、数量、单位、生产车间、经手人、保管员、时间。

产成品出库单所包含的数据项:项目编号、产品名称、质检号、规格、数量、单位、经手人、保管员、时间。

销售记录所包含的数据项:销售编号、产品名称、规格、数量、单位、销售地点、发货日期。

材料明细所包含的数据项:项目编号、材料名称、操作、规格、数量、单位、单价、金额、结余数量、结余金额、时间、备注。其中操作包括借方和贷方,备注指费用发生事件。

成品明细所包含的数据项:项目编号、产品名称、操作、规格、数量、单位、单价、金额、结余数量、结余金额、时间、备注。其中操作包括借方和贷方,备注指费用发生事件。

生产成本所包含的数据项:车间名称、明细科目、事件明细、时间。其中明细科目的内容包括工资、福利费、中药原理、西药原料、包装材料、设备折旧、补助费、奖励工资、厂长基金、销售费用、餐费、燃料动力费和其他费用。事件明细是指生产成本产生事件。

企业管理费所包含的数据项:项目编号、明细科目、事件明细、时间。其中明细科目的内容包括工资、福利费、办公费用、业务招待费、设备折旧、补助费、奖励工资、保险基金、运费、餐费、电话费、招待/差旅费及其他费用。事件明细是指产生费用的事件。

销售收入所包含的数据项：产品名称、规格、数量、单位、单价、金额。销售收入的录入时间为每月月末。

销售利润所包含的数据项：车间名称、销售费用、销售收入、销售利润、时间。其中，销售费用包括生成成本及企业管理费用。

在这里需要说明的是，我们调研的企业是中小型规模的药厂，计划部门和销售部门分别都只有一个部门，所以没有必要进一步设置部门编号，并且仓储计划中也没有体现出计划上报的仓储部门编号，原因是仓储计划由相应部门领导统一制定。在制作大型企业的供产销管理系统的时候，上述设置要根据实际需求而进行相应更改。可以看到，在需求细化之后，对仓库数据、财务数据等都做了进一步详细划分，得到了系统数据字典中的数据项和数据结构。以上是根据数据库需求分析得到的初步数据库设计结果，下面还要通过数据库的概念结构设计、逻辑结构设计以及物理结构设计等步骤来进一步实现数据库的规范设计。

3.2.2　概念结构设计

概念结构的建立过程就是将数据库需求转化为信息世界结构的过程，概念结构常用的表达方式是实体–关系（E–R）模型。这里我们用自底向上的方法来设计系统数据库的 E–R 模型。本实例根据上面的需求分析得到的实体有：管理人员实体、计划部实体、采购部实体、销售部实体、财务部实体、采购计划实体、材料实体、成品实体、销售信息实体、企业管理费用实体、生产成本实体、明细账目实体、销售收入实体。

自底向上的设计方式首先要描绘出系统每个局部需求的 E–R 模型，然后把它们集成为一个整体的数据库 E–R 模型。系统 E–R 模型的设计步骤如下：

1. 局部 E–R 模型

计划管理模块 E–R 模型如图 3.3 所示；采购管理模块 E–R 模型如图 3.4 所示；生产管理模块 E–R 模型如图 3.5 所示；仓储管理模块 E–R 模型如图 3.6 所示；销售管理模块 E–R 模型如图 3.7 所示；财务管理模块 E–R 模型如图 3.8 所示。

2. 系统整体 E–R 图

在把系统各个部门的 E–R 图集成到一起的时候要注意消除冗余，这其中包括消除数据的冗余与联系的冗余，例如，在采购管理 E–R 模型中和仓储管理 E–R 模型中重复出现的“材料入库单”与“材料仓储记录”及其之间的联系，我们就可以消除其中之一。另外，如果出现同义但异名的数据也要注意消除冗余，在本系统 E–R 模型中没有出现这种状况。最终形成的系统整体 E–R 图如图 3.9 所示。

3.2.3　逻辑结构设计

数据库的逻辑结构设计是根据某种规则对系统 E–R 图进行转化，并从 E–R 图的最终转化结果分析出系统的数据模型。由于本系统用 SQL Server 2000 数据库，所以在这一步的目标是将系统 E–R 图转化为系统的关系模型。

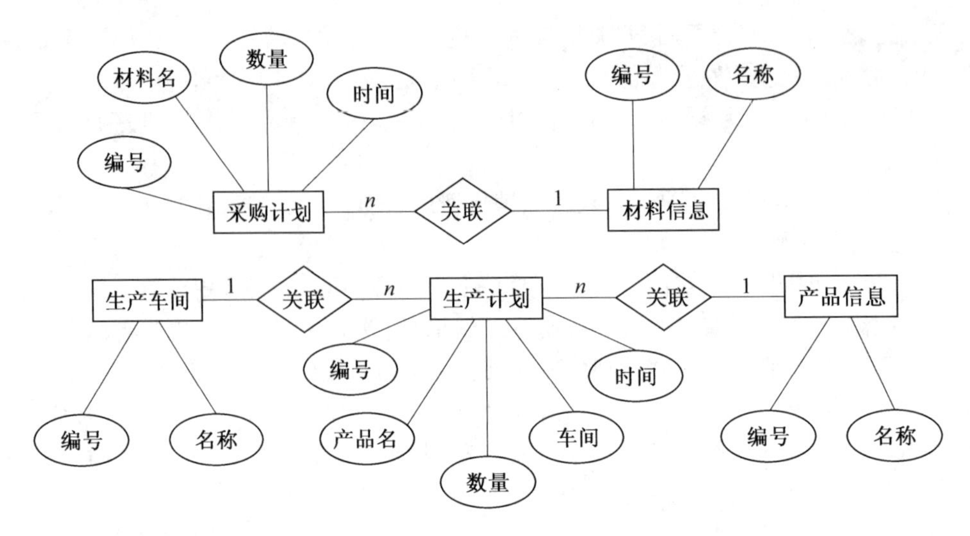

图 3.3　计划管理模块 E-R 模型

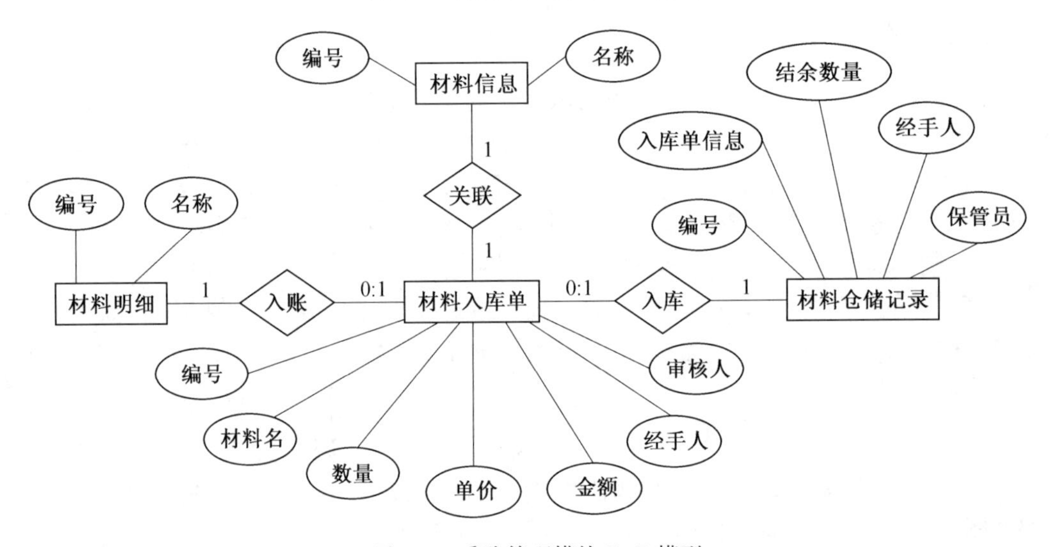

图 3.4　采购管理模块 E-R 模型

1. 设计关系模型

关系模型的设计是指设计数据库里面的表空间，包括数据段、范围以及数据块的设计等。本系统建立数据库命名为 S-P-Ssystem，下面列出了由系统 E-R 图转换来的数据库用表。

(1)用户表(t_user) 见表 3.1。

表 3.1　用户表

列　名	数据类型	长　度	描　述	备　注
id	char	5	用户编号	主键
type	varchar	10	用户类型	
name	varchar	10	用户名	
password	char	6	密码	长度要求六位

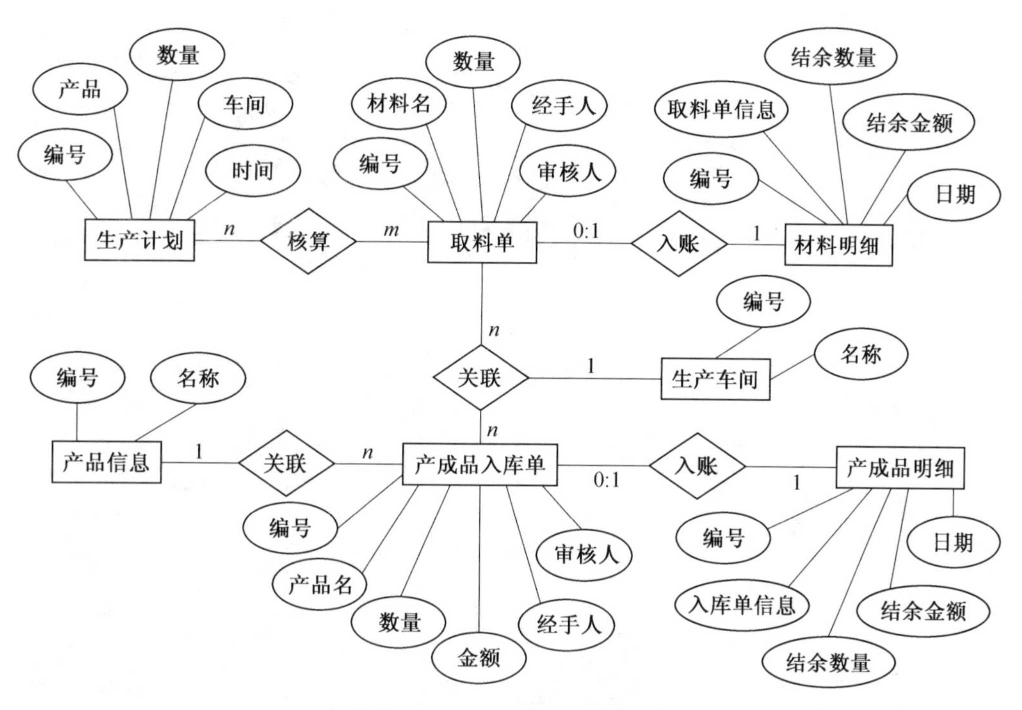

图 3.5　生产管理模块 E-R 模型

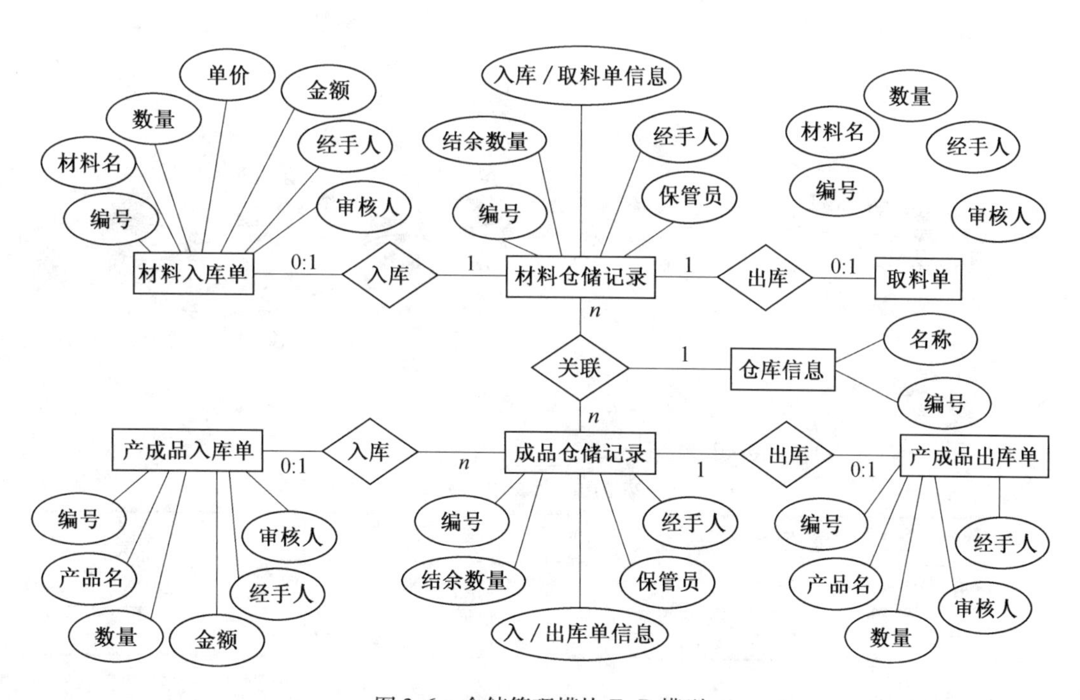

图 3.6　仓储管理模块 E-R 模型

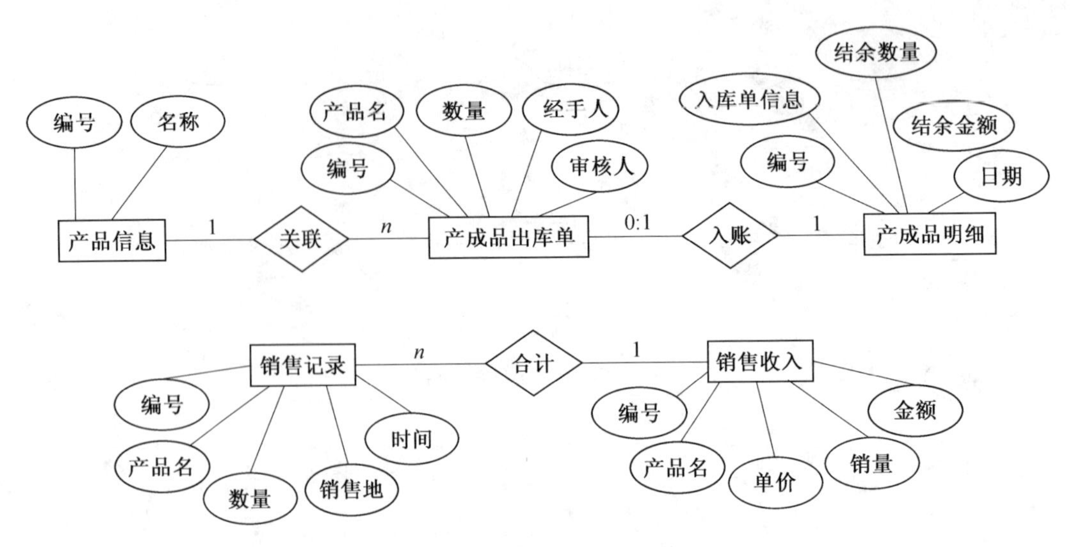

图 3.7 销售管理模块 E-R 模型

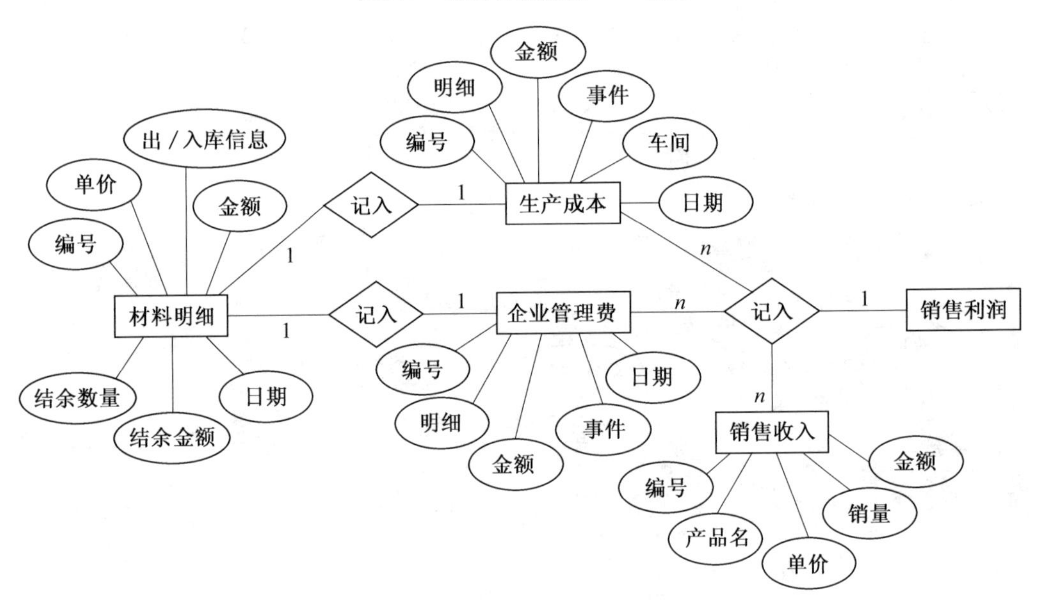

图 3.8 财务管理模块 E-R 模型

(2)材料信息表(t_material)见表 3.2。

表 3.2 材料信息表

列名	数据类型	长度	描述	备注
id	char	5	材料编号	主键
name	varchar	20	材料名	

(3)产品信息表(t_product)见表 3.3。

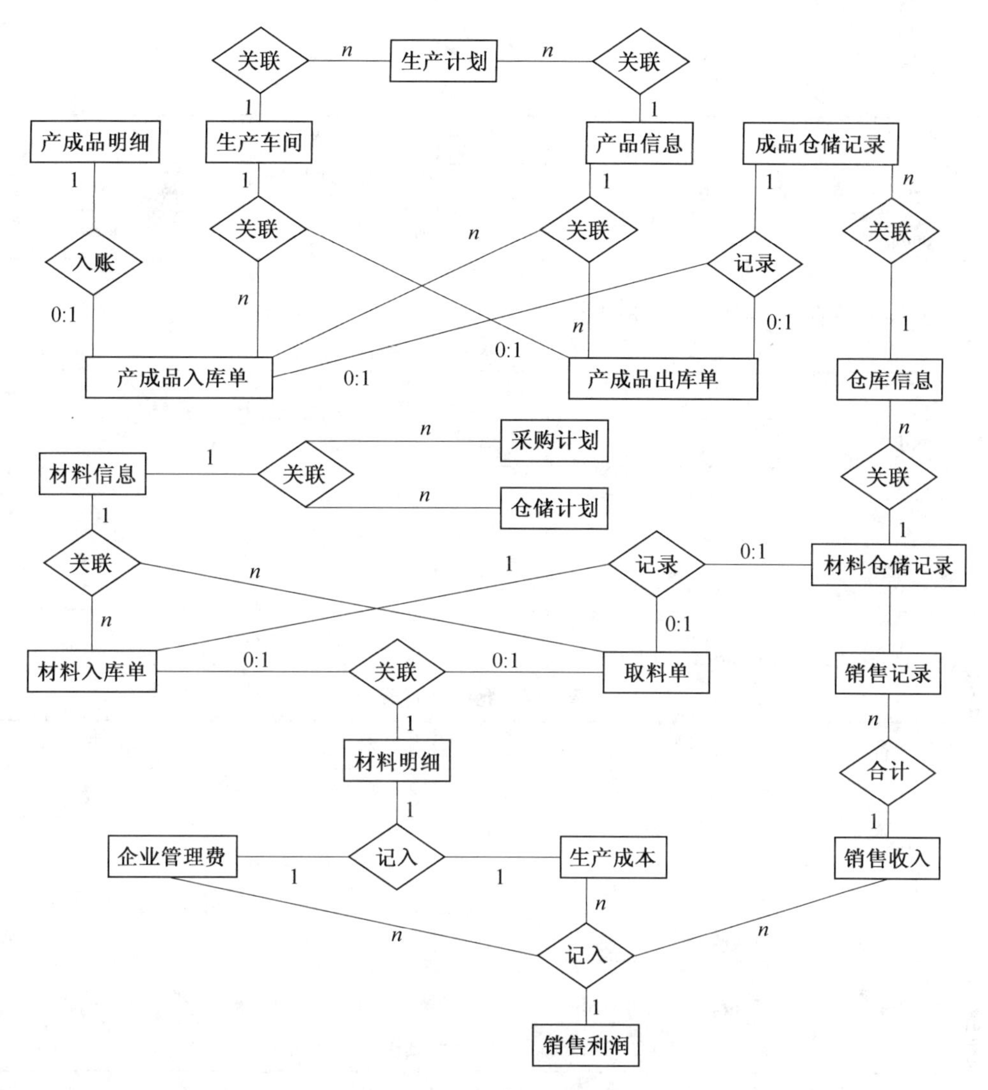

图3.9 药厂供产销管理系统E-R图

表3.3 产品信息表

列 名	数据类型	长 度	描 述	备 注
id	char	5	产品编号	主键
name	varchar	30	产品名	

(4)仓库信息表(t_storage)见表3.4。

表3.4 仓库信息表

列 名	数据类型	长 度	描 述	备 注
id	char	5	仓库编号	主键
name	varchar	10	仓库名	
remarks	varchar	50	备注	允许空

(5)生产车间表(t_manufacturing shop)见表3.5。

表3.5 生产车间表

列　名	数据类型	长　度	描　述	备　注
id	char	5	车间编号	主键
name	varchar	10	车间名	

(6)采购计划表(t_purchase plan)见表3.6。

表3.6 采购计划表

列　名	数据类型	长　度	描　述	备　注
id	char	10	项目编号	主键
material id	char	5	材料编号	外键
quantity	numeric	9	数量	
data	datatime	8	日期	

(7)仓储计划表(t_storage plan)见表3.7。

表3.7 仓储计划表

列　名	数据类型	长　度	描　述	备　注
id	char	10	项目编号	主键
material id	char	5	材料编号	外键
quantity	numeric	9	数量	
data	datatime	8	日期	

(8)生产计划表(t_manufacture plan)见表3.8。

表3.8 生产计划表

列　名	数据类型	长　度	描　述	备　注
id	char	10	项目编号	主键
product id	archar	5	产品编号	外键
standard	varchar	20	规格	
quantity	numeric	9	数量	
unit	varchar	8	单位	
shop id	char	5	车间编号	
data	datatime	8	时间	

(9)材料入库单(t_material in)见表3.9。

表3.9 材料入库单

列 名	数据类型	长 度	描 述	备 注
id	char	10	项目编号	主键
material id	char	5	材料编号	外键
standard	varchar	20	规格	
quantity	numeric	9	数量	
unit	varchar	8	单位	
univalue	money	8	单价	
amount	money	8	金额	
area	varchar	50	来源地	
person1	varchar	10	经手人	
person2	varchar	10	审核人	
data	datatime	8	时间	

(10)取料单(t_material out)见表3.10。

表3.10 取料单

列 名	数据类型	长 度	描 述	备 注
id	char	10	项目编号	主键
material id	char	5	材料编号	外键
standard	varchar	20	规格	
quantity	numeric	9	数量	
unit	varchar	8	单位	
shop id	char	5	车间编号	
quality	varchar	20	质检号	
person1	varchar	10	经手人	
person2	varchar	10	审核人	
data	datatime	8	时间	

(11)成品入库单(t_product in)见表3.11。

表3.11 成品入库单

列 名	数据类型	长 度	描 述	备 注
id	char	10	项目编号	主键
product id	char	5	产品编号	关联 product 表
standard	varchar	20	规格	

续表 3.11

列　名	数据类型	长　度	描　述	备　注
quantity	numeric	9	数量	
unit	varchar	8	单位	
univalue	money	8	单价	
amount	money	8	金额	
quality	varchar	20	质检号	
shop id	char	5	车间编号	
person1	varchar	10	经手人	
person2	varchar	10	审核人	
data	datatime	8	时间	

(12)成品出库单(t_product out)见表 3.12。

表 3.12　成品出库单

列　名	数据类型	长　度	描　述	备　注
id	char	10	项目编号	主键
product id	char	5	产品编号	外键
standard	varchar	20	规格	
quantity	numeric	9	数量	
unit	varchar	8	单位	
quality	varchar	20	质检号	
person1	varchar	10	经手人	
Person2	varchar	10	审核人	
data	datatime	8	时间	

(13)材料仓储记录(t_material storage record)见表 3.13。

表 3.13　材料仓储记录

列　名	数据类型	长　度	描　述	备　注
id	char	5	记录编号	主键
material in out id	char	10	材料入库单编号或取料单编号	外键
operate	char	4	操作	入库/出库
storage id	char	5	仓库编号	外键
quantity	numeric	9	结余数量	
person1	varchar	10	经手人	
person2	varchar	10	保管员	
data	datatime	8	记录时间	

(14)成品仓储记录(t_product storage record)见表 3.14。

表 3.14　成品仓储记录

列　名	数据类型	长　度	描　述	备　注
id	char	5	记录编号	主键
product in out id	char	10	产品入库或出库单编号	外键
operate	char	4	操作	入库/出库
storage id	char	5	仓库编号	外键
quantity	numeric	9	结余数量	
person1	varchar	10	经手人	
person2	varchar	10	保管员	
data	datatime	8	记录时间	

(15)材料明细表(t_material detailed account)见表 3.15。

表 3.15　材料明细表

列　名	数据类型	长　度	描　述	备　注
id	char	10	账目编号	主键
material in out id	char	10	材料入库单编号或取料单编号	外键
operate	char	4	操作	
univalue	money	8	单价	
amount	money	8	金额	
quantity	numeric	9	结余数量	
total amount	money	8	结余金额	
data	datatime	8	记录时间	

(16)成品明细表(t_product detailed account)见表 3.16。

表 3.16　成品明细表

列　名	数据类型	长　度	描　述	备　注
id	char	10	账目编号	主键
product in out id	char	10	成品入库单编号或成品出库单编号	外键
operate	char	4	操作	入库/出库
univalue	money	8	单价	
amount	money	8	金额	
quantity	numeric	9	结余数量	
total amount	money	8	结余金额	
data	datatime	8	记录时间	

(17)生产成本表(t_cost of production)见表3.17。

表3.17 生产成本表 e

列 名	数据类型	长 度	描 述	备 注
id	char	10	账务编号	主键
detail	varchar	16	明细科目	包括工资、福利费、中药原理、西药原料、包装材料、设备折旧、补助费、奖励工资、厂长基金、销售费用、餐费、燃料动力费、其他
event	varchar	50	事件明细	
amount	money	8	金额	
shop id	char	5	车间编号	
data	datatime	8	日期	

(18)企业管理费用表(t_cost of management)见表3.18。

表3.18 企业管理费用表

列 名	数据类型	长 度	描 述	备 注
id	char	10	账务编号	主键
detail	varchar	16	明细科目	内容包括工资、福利费、办公费用、业务招待费、设备折旧、补助费、奖励工资、保险基金、运费、餐费、电话费、招待/差旅费、其他、企管费冲减收益
event	varchar	50	事件明细	
amount	money	8	金额	
total amount	money	8	余额	
data	datatime	8	日期	
sign	char	2	标志位	标注借方或贷方发生

(19)销售记录表(t_sell record)见表3.19。

表3.19 销售记录表

列 名	数据类型	长 度	描 述	备 注
id	char	10	记录编号	主键
product id	char	5	产品编号	外键
standard	varchar	20	规格	

续表 3.19

列　名	数据类型	长　度	描　述	备　注
quantity	int	4	数量	
unit	varchar	8	单位	
pos	varchar	50	销售地	
data	datatime	8	销售时间	

(20)销售收入表(t_sales revenue) 见表 3.20。

表 3.20　销售收入表

列　名	数据类型	长　度	描　述	备　注
id	char	10	账务编号	主键
product id	char	5	产品编号	外键
standard	varchar	20	规格	
quantity	int	4	数量	
unit	varchar	8	单位	
univalue	money	8	单价	
amount	money	8	金额	
data	datatime	8	日期	

(21)销售利润表(t_profit) 见表 3.21。

表 3.21　销售利润表

列　名	数据类型	长　度	描　述	备　注
id	char	10	账务编号	主键
cost of production	money	8	生产成本	
cost of management	money	8	企业管理费	
revenue	money	8	销售收入	
profit	money	8	销售利润	
data	datatime	8	日期	

2. 设计用户子模式

为了满足系统中每个部门的不同需求,还可以面向用户设计数据库的外模式。模式与外模式是相互独立的,在设计外模式的阶段,一般考虑的因素有:用户使用的便捷性、区别用户的使用权限与系统的安全需要等。在本系统中,为了消除冗余,分别建立了材料信息表、产品信息表、仓库信息表等,这些表分别与材料入库表、取料表、成品入库表、成品出库表关联,并且材料入库表、取料表、成品入库表、成品出库表又与材料信息表、产品信息表相关联,所以在实际查询相应信息时,为了方便用户查看,可以将这种经常使用的复杂查询建立为一

个视图,例如:

(1)材料仓储记录视图(v_ material storage record)

v_ material storage record 1(记录编号,材料入库单编号,材料编号,材料名称,数量,质检号,操作,仓库编号,仓库名称,结余数量,记录时间)

v_ material storage record 2(记录编号,取料单编号,材料编号,材料名称,数量,质检号,生产车间,操作,仓库编号,仓库名称,结余数量,记录时间)

(2)成品仓储记录视图(v_ product storage record)

v_ product storage record 1(记录编号,成品入库单编号,产品编号,产品名称,数量,质检号,生产车间,操作,仓库编号,仓库名称,结余数量,记录时间)

v_ product storage record 2(记录编号,成品出库单编号,产品编号,产品名称,数量,单价,金额,操作,仓库编号,仓库名称,结余数量,记录时间)

(3)材料明细视图(v_material detailed account)

v_material detailed account 1(账目编号,材料入库单编号,材料编号,材料名称,数量,单价,金额,操作,结余数量,结余金额,记录时间)

v_material detailed account 2(账目编号,取料单编号,材料编号,材料名称,数量,单价,金额,生产车间,操作,结余数量,结余金额,记录时间)

(4)建立成品明细视图(v_ product detailed account)

v_ product detailed account 1(账目编号,成品入库单编号,产品编号,产品名称,数量,单价,金额,生产车间,操作,结余数量,结余金额,记录时间)

v_ product detailed account 2(账目编号,成品出库单编号,产品编号,产品名称,数量,单价,金额,操作,结余数量,结余金额,记录时间)

上面视图的设计不仅考虑到了用户查询便捷的需求,另外也考虑到针对不同用户建立视图有所差异,例如,材料仓储记录视图和材料明细视图分别是面向仓储管理人员和财务人员建立的视图,根据不同部门的工作需要,材料质检号只在材料仓储记录视图中显示,而单价、金额等项目只在材料明细视图中出现。

另外,销售部门经常需要统计每种产品的销量,并上报给财务部门,为了便于两个部门的使用,也可以制作销量统计视图如下:

(5)销量统计视图(v_ sell statistics)

v_ sell statistics(项目编号,产品编号,产品名称,销量,时间)

通过建立视图还可以区别不同用户的使用权限,例如:计划部门可以浏览仓储部门的材料及成品结余数量;仓储部门与财务部门在月末核对账务时可以查看对方材料及产成品结余数量;生产车间在取料之前可以查看一下仓储部门的材料是否到库。这些视图的制定不仅可以限制各个部门的权限,另外也保证了系统的安全性,其中,财务部门的数据只有专门财务人员和企业高层领导才具有查看及管理权限。上述这些功能也可以通过前台对不同用户设置不同访问权限的设计来配合实现。

3.2.4 物理结构设计

数据库逻辑结构和数据库物理结构统称为数据库体系结构,在前面一节中已经对数据库的逻辑如数据库的表、视图等进行了介绍,这一节简要介绍一下本系统的数据库物理结构。

数据库物理结构与系统具体应用的 DBMS 和硬件系统有关，主要应用于面向计算机的数据组织和管理。如数据文件、表和视图的数据组织方式、磁盘空间的利用和回收、文本和图形数据的有效存储等。这里主要从以下几个方面介绍一下药厂供产销管理系统的物理结构。

1. 存取方法

关系模式中存取方法的选择有索引方法、聚簇方法和 HASH 方法，在本系统的设计中应用索引方法来加快系统存取速度。

在本系统表空间里的所有表在设计时都被加入了一个 id 列，并把这一列设为表的主键。这一列设为主键出现的同时，也相当于为每个表建立了一个 CLUSYERED 索引，数据按照 id 这一列的数值进行升序排列。对于经常有业务发生的表，如：采购计划表（t_purchase plan）、仓储计划表（t_storage plan）、生产计划表（t_manufacture plan）、材料入库单（t_material in）、取料单（t_material out）、成品入库单（t_product in）、成品出库单（t_product out）、材料仓储记录（t_material storage record）、产品仓储记录（t_product storage record）、材料明细表（t_material detailed account）、成品明细表（t_product detailed account）、生产成本表（t_cost of production）、企业管理费用表（t_cost of management）、销售记录表（t_sell record）、销售收入表（t_sales revenue）、销售利润表（t_profit）等，在添加数据时，id 列的值设置为自动增加。另外，用户表（t_user）的 id 是按照在同一部门用户序号递增的顺序添加的。索引的设置可以加快数据库的存取速度以及相应的查询速度。

2. 磁盘

磁盘的选择可以根据企业的业务量及企业需求，对于较大规模的企业可以使用 RAID10 或 RAID5 来实现磁盘数据的存储与容灾。其中，RAID5 至少需要 3 块磁盘，使用 Disk Striping 技术，是一种存储性能、存储安全和存储成本兼顾的存储解决方案；RAID10 至少需要 4 块磁盘，适用于数据库存储服务器等需要高性能、高容错但对容量要求不大的情况。

3. 文件

本系统建立数据库 S-P-Ssystem，数据文件 S-P-Ssystem_Data. MDF 和日志文件 S-P-Ssystem_Log. LDF，分别保存在 C:\Program Files\Microsoft SQL Server\MSSQL\Data\和 C:\Program Files\Microsoft SQL Server\MSSQL\Data\的目录下，两个文件都设置为允许数据文件自动增长，但为了避免数据库充满整个磁盘，为文件设置增长上限，如图 3.10 所示。

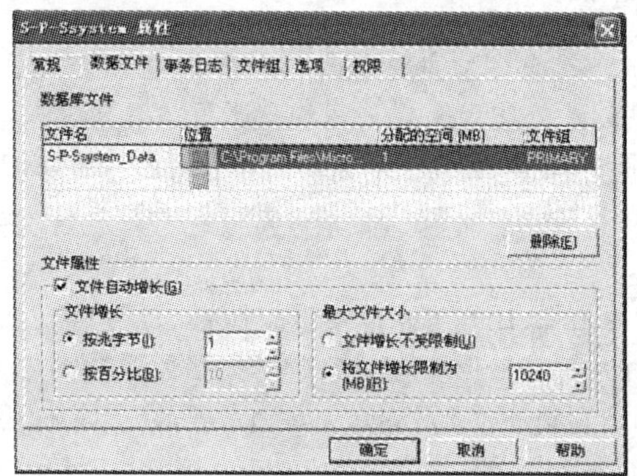

图 3.10　系统 S-P-Ssystem 的数据文件

3.3 用户界面设计概要

3.3.1 基于C/S模式下的系统实现

C/S(Client/Server)模式即客户机/服务器结构,具有速度快、事务处理能力强等特点。在这种结构中服务器是网络的核心,客户机作为网络的使用终端,依靠服务器获得所需要的网络资源。图3.11为系统采用C/S模式的体系结构图。在C/S模式下,系统可以选用VB、PB、VC等多种高级语言设计界面,这里选用VB。数据库选用SQL Server 2000。由于VB语言比较简单,在这里不再介绍其安装及使用。

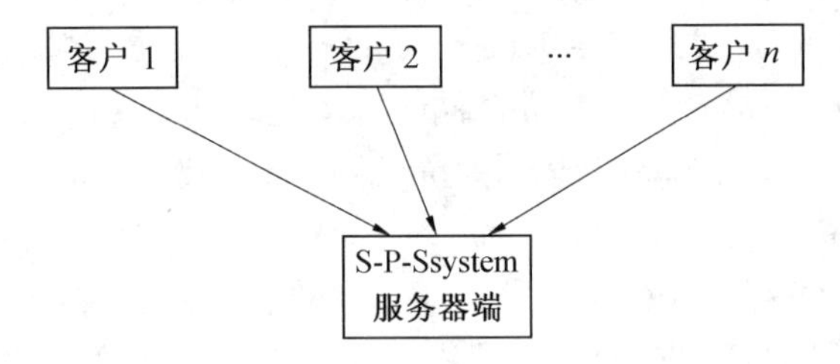

图3.11 系统采用C/S模式的体系结构

下面简要介绍一下VB与SQL Server 2000的链接。VB与SQL Server 2000链接时需要首先创建ODBC数据源。ODBC数据源是Microsoft公司有关数据库的一个组成部分,它建立了一组规范,并提供了一组对数据库访问的标准API(Application)。下面介绍VB与SQL Server 2000的链接步骤。

1. ODBC数据源的创建

单击[开始]→[设置]→[控制面板]→[管理工具]→[数据源ODBC],打开ODBC数据源管理器,选择“用户DSN”, 单击[添加]按钮,打开“创建用户数据源”对话框, 选择“SQL Server”,单击[完成]。

打开“创建新的数据源到SQL Server”的窗口,新建数据源命名为S-P-Ssystem。并设置登陆ID:sa和密码:sa。

2. 应用数据库管理器实现链接

VB与SQL Server的链接有多种实现形式,这里选用通过数据库管理器实现。首先启动Visual Basic窗口,选择菜单[外接程序]→[可视化数据管理器]→[文件]→[打开数据库]→[ODBC]。输入以下信息:DSN:S-P-Ssystem;UID:sa;PASSWORD:sa;数据库选择S-P-Ssystem数据库。最后单击“确定”,链接成功后,就可以看到S-P-Ssystem数据库中的所有表了。

根据前期需求分析的结果,用户登录后可以按照登录用户类型的不同转向不同的执行流程,系统用户界面设计及其与数据库之间的数据交互关系如图3.12~3.17所示。其中,各个界面的命名为storage plan、material plan、material等;数据库中表的命名形式为t_storage plan、t_purchase plan、t_material等。

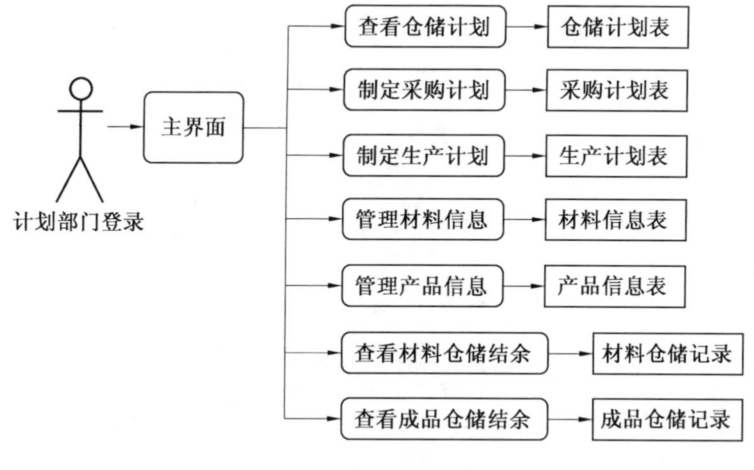

图 3.12　计划部门使用数据交互关系图

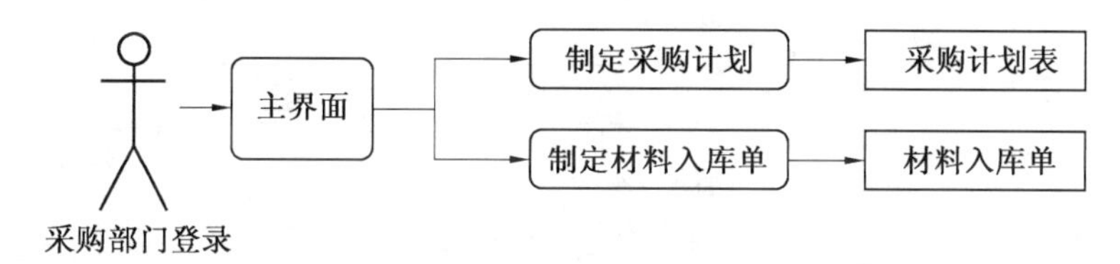

图 3.13　采购部门使用数据交互关系图

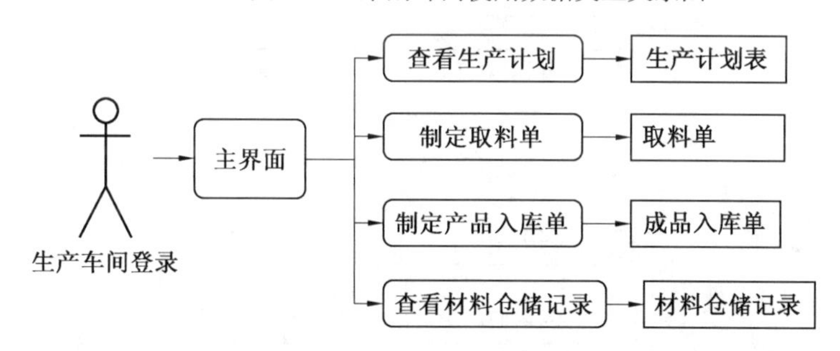

图 3.14　生产车间使用数据交互关系图

3.3.2　基于 B/S 模式下的系统实现

目前仍有较多小型商业信息管理系统软件结构采用 C/S 模式，但由于 Internet/Intranet 技术的发展及互联网技术的普及，基于 Web 的信息发布和检索等技术已经受到越来越多企业的欢迎，下面介绍系统在 B/S 模式下的配置和实现。在 B/S 模式的服务器端，本系统采用三层表示结构，客户端只需标准的浏览器，本系统客户端采用国际标准化的浏览器（如 IE），因此基本上不需要进行用户培训，无论是决策层还是操作层的人员都可以直接使用。

由于系统基于 B/S 模式的设计用到 JSP，所以在这里简要介绍一下 JSP 技术。JSP（Java Server Pages）是一种执行于服务器端的动态网页开发技术。配置 JSP 对计算机硬件要求不高，主要工作包括安装和配置 Web 服务器及 JSP 引擎配置两个部分。

配置 JSP 环境常用的方案有：J2SDK+Tomcat，J2SDK+IIS+Tomcat，J2SDK+Apache+Tomcat。本系统采用 J2SDK+Tomcat 的配置，在 Windows 操作系统下对 JSP 环境进行配置。

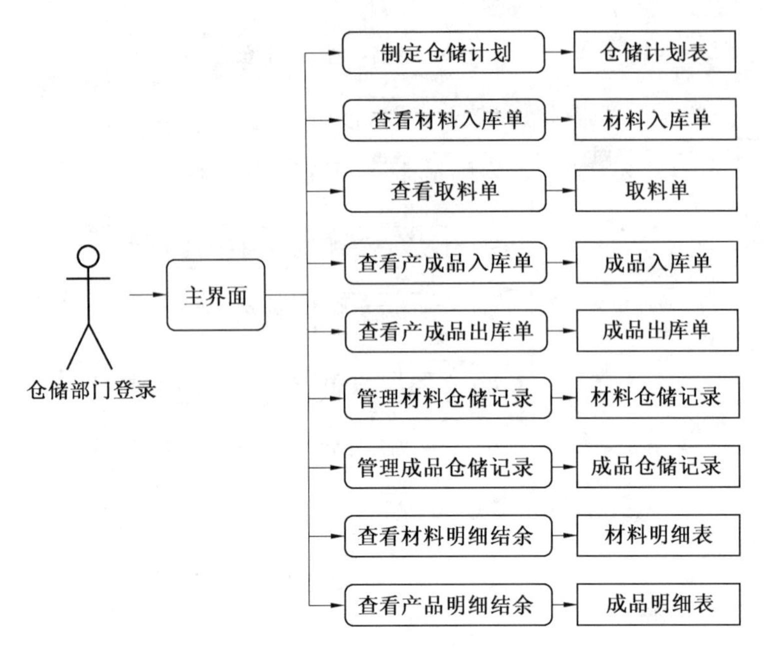

图 3.15 仓储部门使用数据交互关系图

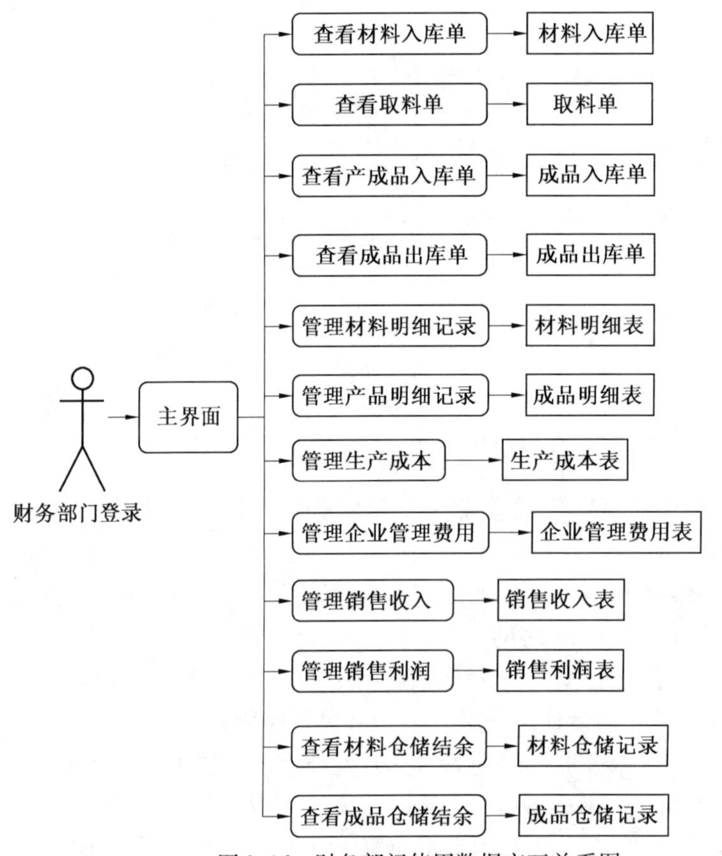

图 3.16 财务部门使用数据交互关系图

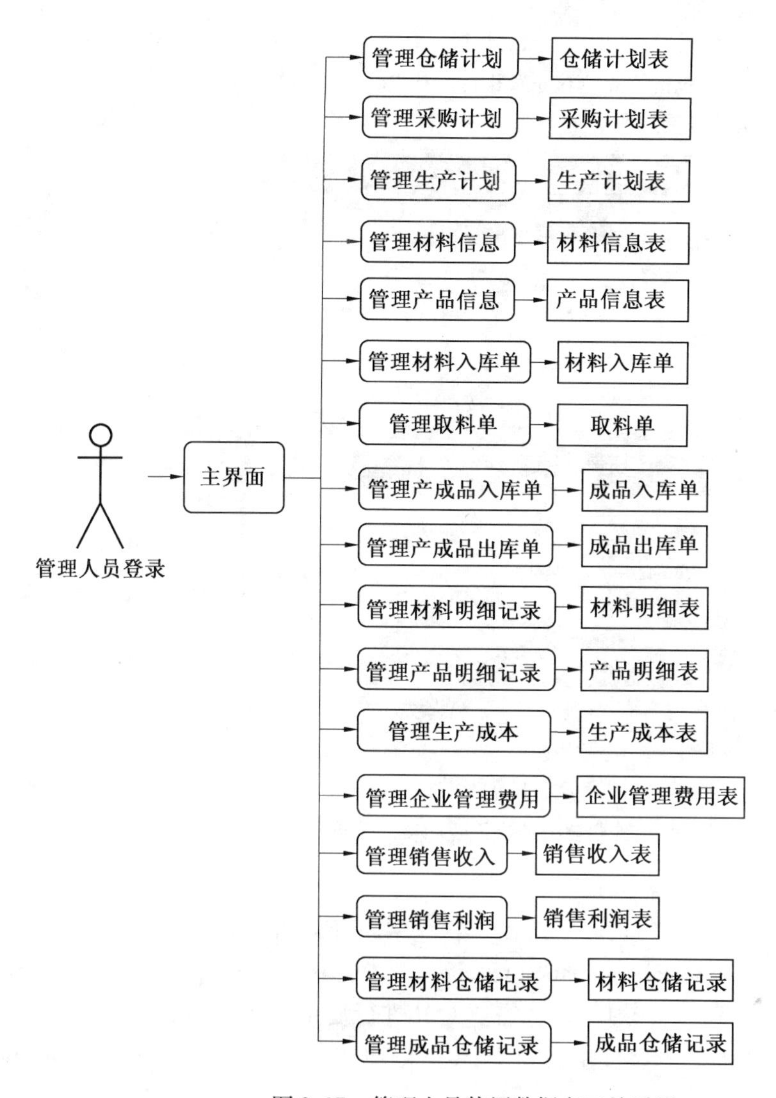

图 3.17　管理人员使用数据交互关系图

J2SDK 选择版本 jdk-6u24-windows-i586. exe。下载地址：http://www. oracle. com/technetwork/java/javase/downloads，软件大小为 76. 5 MB。Tomcat 选择版本：jakarta-tomcat7. 0. 8. exe(32-bit/64-bit Windows Service Installer)。下载地址：http://tomcat. apache. org/download-70. cgi，软件大小为 7. 51 MB。JSP 的配置及与数据库的链接方法如下。

1. **安装 J2SDK**

运行 jdk-6u24-windows-i586. exe 文件，根据安装向导，安装到一个目录下。例如，这里安装到 C:\Program Files\Java\jdk1. 6. 0_24。在 J2SDK 安装完之后，还有很重要的一个步骤——设置环境变量。在 Windows XP 操作系统下，按如下方式设置环境变量。

首先，鼠标右键单击"我的电脑"图标，在弹出的菜单中选择[属性]→[高级]→[环境变量]命令，在弹出的对话框中新建 PATH、JAVA_HOME 和 CLASSPATH 3 个系统变量，3 个变量的值设置为：

PATH = % PATH% ; C:\Program Files\Java\jdk1. 6. 0_24

JAVA_HOME= C:\Program Files\Java\jdk1.6.0_24

CLASSPATH= C:\Program Files\Java\jdk1.6.0_24\lib\tools.jar

设置过程如图 3.18 所示。

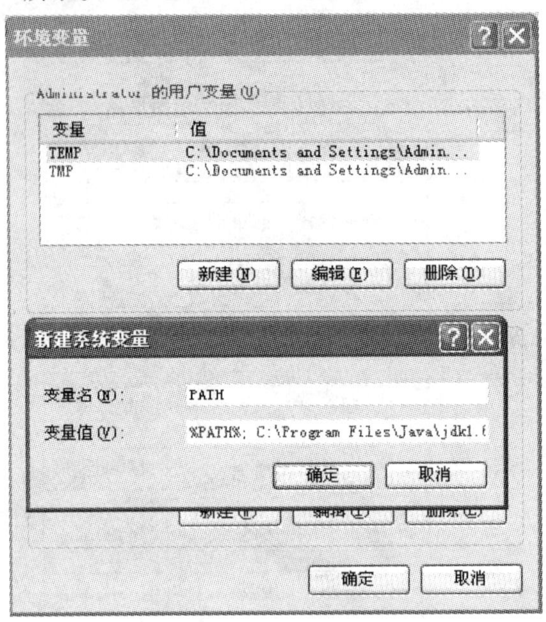

图 3.18 J2SDK 设置环境变量

按要求设置好之后,需要重新启动电脑,设置才会生效。

2. 安装 Tomcat 7.0.8

Tomcat 的安装只需按照 Tomcat 7.0.8 安装程序向导即可,这里安装目录选择为:C:\Program Files\Apache Software Foundation\Tomcat 7.0。Tomcat 安装完成后会自动寻找 J2SDK 的位置。安装完 Tomcat 软件后,也需要对其进行变量设置,方法与 J2SDK 的环境变量设置方法相同。添加新的系统变量名为 TOMCAT_HOME,变量值为 C:\Program Files\Apache Software Foundation\Tomcat 7.0。

下面需要打开 Tomcat 监视器。选择[开始]→[所有程序]→[Apache Tomcat 7.0]→[Monitor Tomcat]命令,这时就会发现在 Windows 窗口的右下角已经出现了一个打开的 Tomcat 监视器的小图标,如图 3.19 所示。

图 3.19 tomcat 监视器打开

要关闭监视器,只需在监视器图标上单击鼠标右键,选择 stop service 选项。在 Tomcat 监视器打开的情况下,打开浏览器,在地址栏中输入如下地址:http://localhost:8080/。如果出现 Tomcat 祝贺安装成功的界面,那么说明 Tomcat 已经配置成功。

上面我们已经配置好了 J2SDK+Tomcat 的运行环境,下面我们来做一个实例,测试一下 JSP 运行环境。实例如下:

```
<%@ page contentType="text/html;charset=gb2312"%>
```

```
<%
String Str="供产销管理系统";
out.print("药厂");
%>
<h2><%=Str%></h2>
```

将上面的文件命名为 test. jsp,在 C:\Program Files\Apache Software Foundation\Tomcat 7.0\webapps 目录下创建 examples 文件夹,并把 test. jsp 保存在 C:\Program Files\Apache Software Foundation\Tomcat 7.0\webapps\examples 目录下。在浏览器的地址栏中输入 http://localhost:8080/examples/test. jsp。如果出现图 3.20 所示的"药厂供产销管理系统"的字样,说明本系统的 JSP 运行环境配置成功了。

图 3.20　JSP 测试实例

3. JSP 与 SQL Server 2000 的连接

JSP 与 SQL Server 2000 的连接方法主要有 3 种,分别是:JDBC、JDBC-ODBC 桥和连接池技术。本系统采用 JDBC 连接技术,下面介绍连接的实现。

JDBC 由一组 JAVA 类和接口组成,应用 JDBC 连接方式相当于应用 JAVA 驱动程序连接数据库并对数据进行操作,这种连接模式的体系结构如图 3.21 所示。

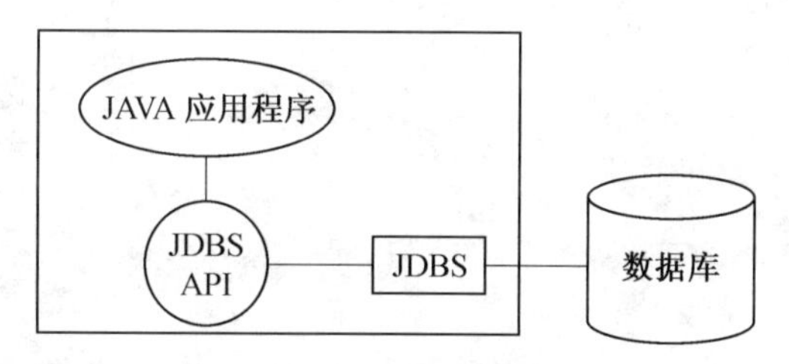

图 3.21　JDBC 连接体系结构图

使用 JDBC 连接 SQL Server 2000 数据库主要步骤如下。

(1)下载 JDBC 驱动。

到微软的官方网站下载驱动程序:Micosoft SQL Server2000 for JDBC 压缩包。

(2)装载驱动程序,可以用以下代码来装载它。

```
Class.forName("sun.jdbc.odbcJdbcOdbcDriver");
```

(3)建立一个与数据库管理系统的连接。

```
Connection conn=DriverManager.getConnection(url,user,password);
```

(4)url 的设计。

```
String url="jdbc:odbc:test";
String user="sa";
String password="sa";
```

(5)关闭与数据库的连接:conn. close();。

本例基于 B/S 的系统采用数据库层-逻辑层-表示层 3 层结构,服务器端的 3 层结构及其关系如图 3.22 所示。

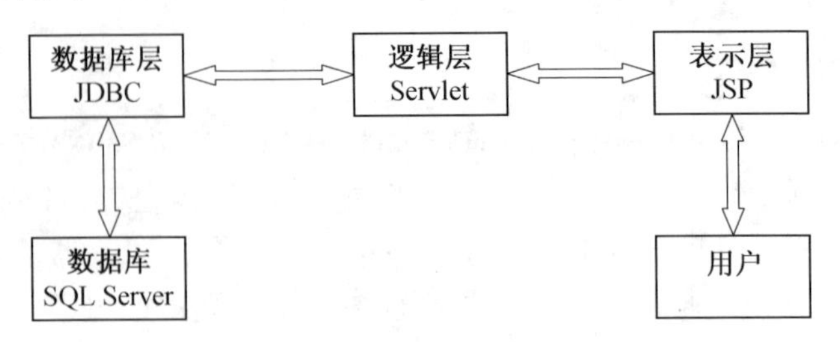

图 3.22　服务器端的体系结构

在首次调用 JSP 文件时,实际是执行一个编译为 Servlet 的过程。当浏览器向服务器请求这个 JSP 文件的时候,服务器会自动检查自从上次编译后这个 JSP 文件是否发生变化,如果没有改变,则直接执行 Servlet,而不再重新编译。JSP 这种编译执行的特点使得系统的运行效率得到显著提高。下面是系统几个主要界面的设计及系统实现。登录页面如图 3.23 所示;管理员主界面如图 3.24 所示;仓储部门登录页面如图 3.25 所示;财务部门登陆主界面如图 3.26 所示。

图 3.23　系统登录页面

对系统中的一些报表,如材料入库单、取料单、材料仓储记录、材料明细等归属各个部门负责管理的表单,一旦提交成功,便不能再修改,只有具有特殊权限的管理人员才能对各种已经提交的数据进行再次修改。

图 3.24　管理员主界面

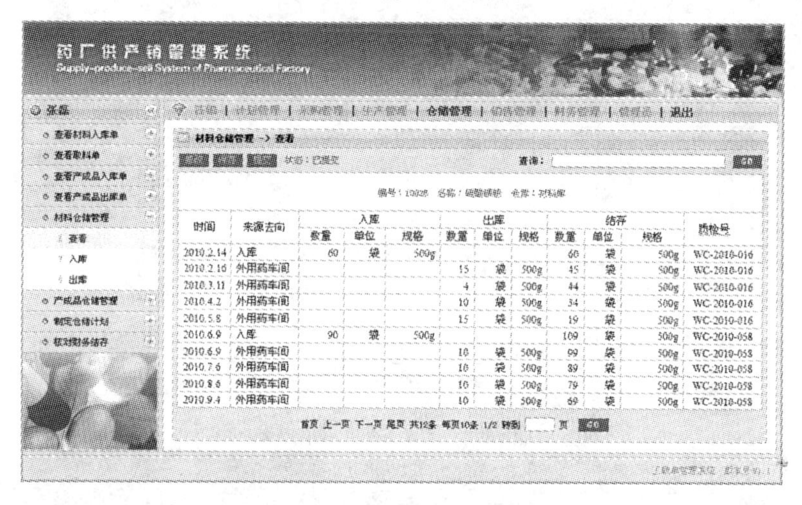

图 3.25　仓储部门登录页面

图 3.26　财务部门登陆主界面

3.4 数据库实施与维护

对数据库进行了逻辑设计与物理设计之后就可以开始建立数据库了。数据库实施与维护是一项工作量巨大并且十分重要的工作，主要内容包括数据库实施、设计及实现数据库备份恢复方案以及数据维护方案。

3.4.1 数据库实施

数据库实施阶段的工作主要包括以下几点：定义数据库结构、组织数据入库、编制与调试应用程序以及数据库试运行。图3.27和图3.28是根据药厂供产销管理系统的表空间设计的关系图。

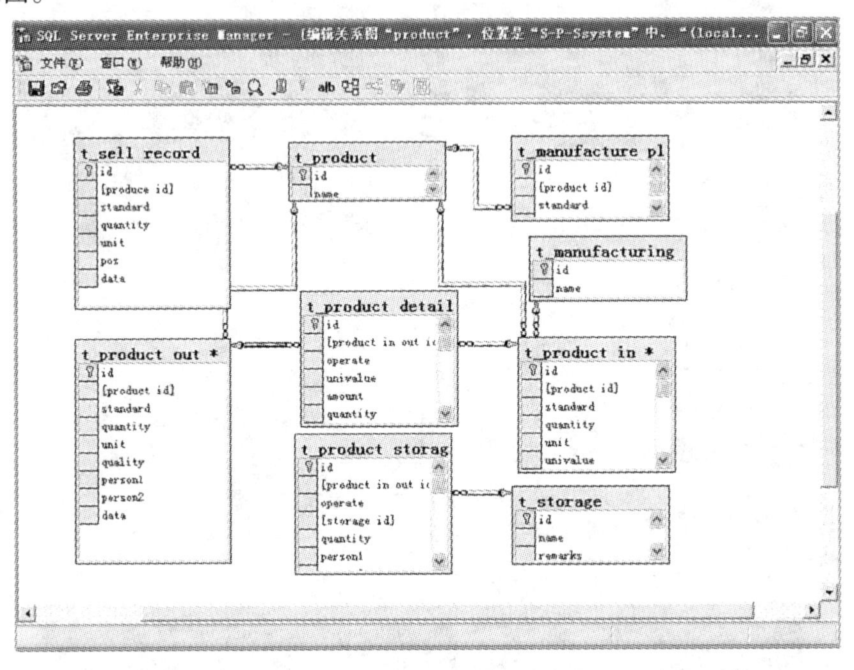

图3.27 产成品相关表间关系图

在上面的关系中，由于产品仓储记录(t_product storage record)和产成品明细表(t_product detailed account)中的product in and out id这项与t_product out和t_product in的id项并不是完全对应，所以建立关系FK_t_product detailed account_t_product in与关系FK_t_product detailed account_t_product out时没有选择“对insert和update强制关系”选项，否则后面录入数据时会提示出错。

定义好数据库中的所有表并建立好表间的关系后，就要进行数据的录入工作了。应用本系统的单位在使用系统管理软件之前都采取纸质文件记载以及存储的方式，要将之前所有的管理记录及财务账务进行录入是一项艰巨的工作，所以根据企业需要只对近期数据进行录入。

首先对一些基本资料表进行数据录入，这些基本资料表包括用户表(t_user)、材料信息表(t_material)、产品信息表(t_product)、仓库信息表(t_storage)、生产车间表(t_manufactur-

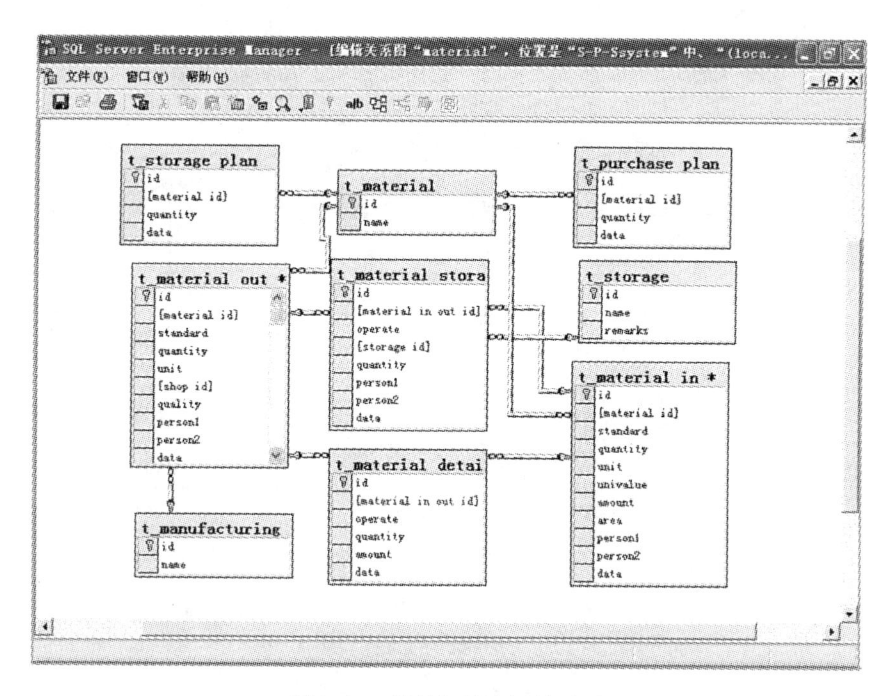

图 3.28 材料相关表间关系图

ing shop)等。对这些表录入数据时要注意 id 列编码的设计方式,例如,图 3.29 是用户表中的数据。

SQL Server Enterprise Manager - [表"t_user"中的数据,

文件(F) 窗口(W) 帮助(H)

id	type	name	password
cc001	仓储部门	腾斌	458123
cc002	仓储部门	张磊	810456
cg001	采购部门	王亮	tiger
cj001	生产车间	赵红梅	791023
cw001	财务部门	王洪亮	chuna1
cw002	财务部门	李咏	kuiji
gl000	管理人员	wangwei	79a42m
jh001	计划部门	张兵	459bn6
xs001	销售部门	李洪亮	haoyou

图 3.29 t_user 表中数据

可以看到在用户表中编码列的设置上采用字母开头、数字结尾的方式,用以区分不同部门用户,同时也利用了 id 列的 CLUSDED 索引的特点。图 3.30 和图 3.31 给出其他资料表录入数据后的情况。

基本资料录入完毕后,需要录入一定量的业务数据,这一步涉及的表有:采购计划表(t_purchase plan)、仓储计划表(t_storage plan)、生产计划表(t_manufacture plan)、材料入库单(t_material in)、取料单(t_material out)、产成品入库单(t_product in)、产成品出库单(t_product out)、材料仓储记录(t_material storage record)、产品仓储记录(t_product storage record)、材料明细表(t_material detailed account)、产成品明细表(t_product detailed account)、生产成本表

SQL Server Enterprise Manager - [表 "t_ma

文件(F) 窗口(W) 帮助(H)

id	name
10001	葡萄矿粉
10002	氯化钠粉
10003	注射用氯化镁
10004	注射用氯化钙
10005	注射用氯化钾
10006	冰乙酸
10007	氢氧化钠
10008	硫酸
10009	针剂碳
10010	地卡因
10011	普鲁卡因
10012	氯霉素
10013	丙二醇
10014	山梨酸钾
10015	医用酒精
10016	碳酸氢钠
10017	白糖
10018	地塞米松
10019	苯海拉明
10020	樟脑粉
10021	硫磺粉
10022	尿素
10023	硫酸锌
10024	氢化可的松

图 3.30 t_material 表中数据

(t_cost of production)、企业管理费用表(t_cost of management)、销售记录表(t_sell record)、销售收入表(t_sales revenue)、销售利润表(t_profit)等。这里要注意的是,这些表中均存在外键,如果在设置外键约束时选择"对 insert 和 update 强制关系"选项,那么在录入数据时要非常注意外键的对应,如果出现在已经建立约束的两个表间录入的数据不一致的情况,会出现违反 check 约束的出错提示。

另外,如果先进行数据录入,后建立数据库关系图,并且在建立关系时选择了"创建中检查现存数据"选项,那么当要建立关系的表间存在数据不一致的情况时,关系是无法成功建立的,可见在录入数据时要足够细心。

3.4.2 数据库备份恢复方案

目前,许多公司的大部分业务数据都存储在关系数据库中,并且公司也越来越依赖这种计算机资源。在这种情况下,一旦数据库的数据出现问题,如果平时没有注意数据库的备份,那么造成的后果将是不可挽回的,所以数据库的备份是非常重要的工作之一。要做好数据库备份,首先要制定合理的备份方案,一般常用的备份方案有本地备份、远程备份和外包备份等。其中,本地备份指备份文件保存在本地计算机上,或者保存在与本地计算机直接相连的本地磁带备份单元中;远程备份指在互联网环境中,数据通过网络传输,将本地数据库备份到网络中其他设备上;备份外包指由第三方供应商提供备份服务。本系统采取本地备份的方式,但为了防止硬件损坏、病毒攻击等情况的出现,采取备份文件多处保存的策略,以防止一份文件出现不可逆转的损坏。

SQL Server Enterprise Manager - [表 "t_product"

文件(F)　窗口(W)　帮助(H)

id	name
10001	四位安神宁口服液
10002	硫酸锌滴眼液
10003	地塞米松软膏
10004	苯海拉明软膏
10005	苯佐卡因软膏
10006	紫草当归搽剂
10007	苯酚滴耳液
10008	碳酸氢钠滴耳液
10009	硼酸滴耳液
10010	扁平苔藓膜
10011	口腔溃疡膜
10012	苯佐卡因栓
10013	复方硫酸镁灌肠液
10014	九味骨筋酊
10015	六味驳骨散
10016	续筋通络散
10017	碘化钾合剂
10018	牙齿脱敏剂
10019	康宝胶囊
10020	双黄连
10021	生理盐水
10022	注射用葡萄糖

图 3.31　t_product 表中数据

备份操作可以分为完全备份、增量备份和差异备份 3 种方法。其中,完全备份指备份计算机上的所有数据,并将已经备份好的数据标记为已备份数据。完全备份是其他两种备份方法——差异备份和增量备份的基础。下面介绍将 S-P-Ssystem 数据库进行完全备份的步骤。

首先在 S-P-Ssystem 数据库上单击右键,选择“所有任务”中的“备份数据库”,之后选择“完全备份”,并添加备份文件的存储目录及名称,这里设置保存到 D:\backup 文件夹下,备份命名为 S-P-Ssystem(2011-3),如图 3.32 所示。

另外,也可以采用添加备份设备的方法设置备份位置,在查询分析器中输入以下语句:

sp_addumpdevice ´disk´,´myback´,´d:\back\myback.bak´

点击“执行查询”按钮,就可以看到备份设备 myback 已经建立成功了,如图 3.33 所示。看到“备份操作已顺利完成”的提示后,就可以在相应位置看到刚才备份的文件了。

使用完全备份方法备份的数据库,在还原时只需要还原完全备份的文件即可,相应设置如图 3.34 所示。点击“确定”之后,就可以看到 S-P-Ssystem 数据库会重新出现在数据库列表中。

增量备份能够存储除了标有已备份标记的所有新增信息,并把备份过的文件标记为已备份,当还原增量备份的信息时,除了要还原最近一次的完全备份文件外,还要还原在完全备份后所产生的所有增量备份文件。

差异备份是指存储自上次备份以来新增的所有信息,并且不对任何信息进行标识。所以在还原差异备份的信息时,除了需要最近一次的完全备份文件外,另外只需要最近一次的

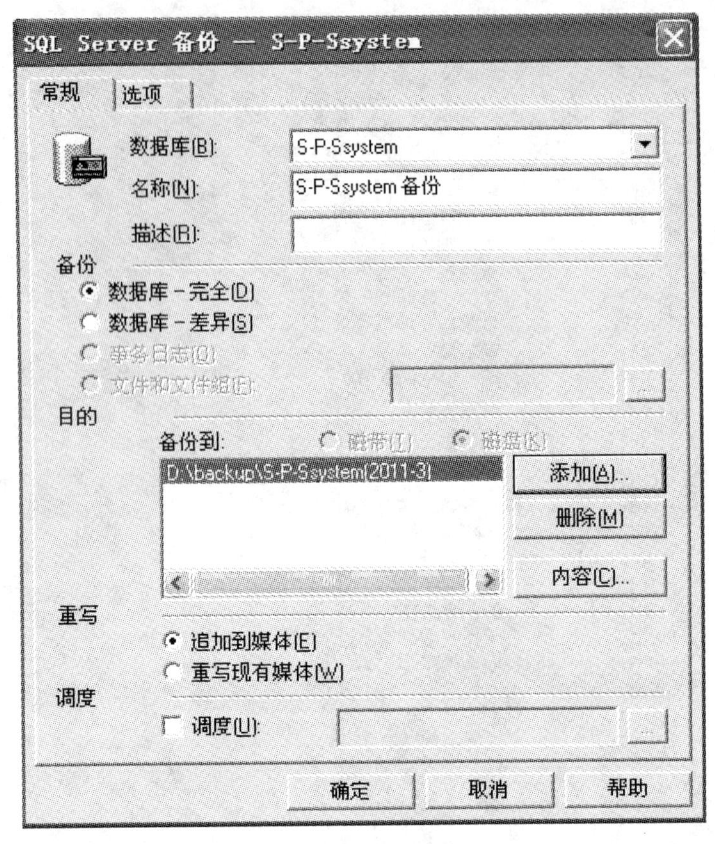

图 3.32　完全备份

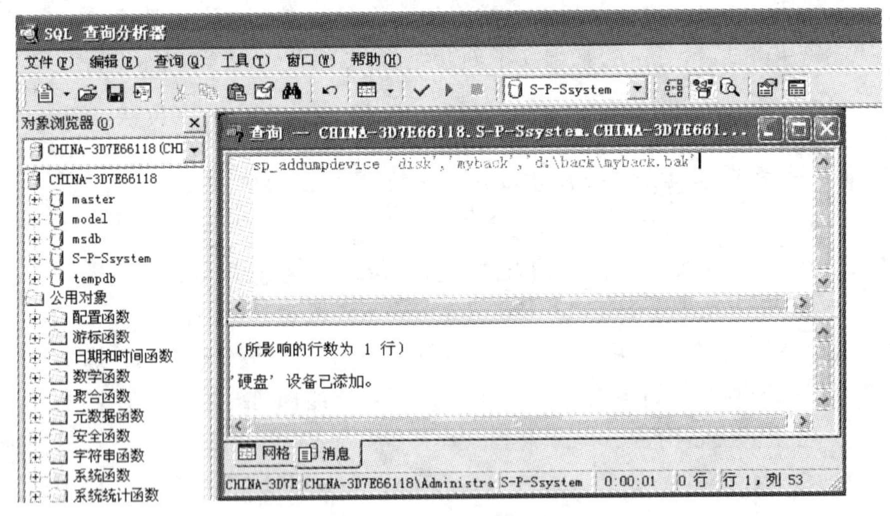

图 3.33　用查询分析器建立备份设备

差异备份文件。本系统采取完全备份与差异备份相结合的方法，具体每天执行一次差异备份，每 3 个月执行一次完全备份。

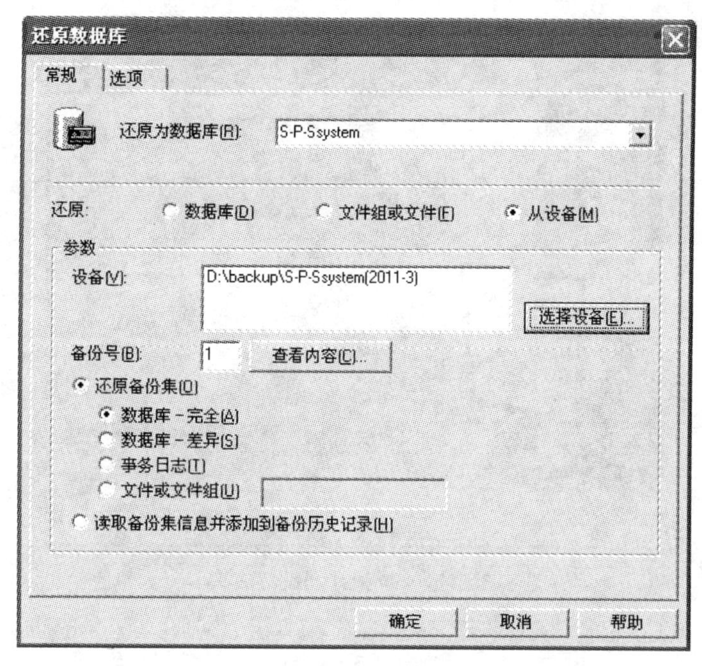

图 3.34　利用完全备份文件还原数据库的设置

3.4.3　数据维护方案

制定一个完善的数据库维护方案，可以使数据库时刻保持在最佳运行状态，数据维护的内容一般包括监视系统运行状况，关注系统安全问题以及重建数据库索引、检查数据库完整性、更新索引统计信息等。一般需要监测的信息包括当前用户以及进程的信息、目标占用空间情况和 SQL Server 统计数字等。数据安全的维护可以通过定期更换管理员密码来实现。在 SQL Server 2000 企业管理器中提供了维护计划制定功能。

SQL Server 2000 提供的维护功能包括运行数据库完整性检查、更新数据库统计、执行数据库备份和传送事物日志。这里需要注意的是，由于维护计划包含的许多任务在执行之后都会改变数据库内容，所以在制定维护计划之前最好做一个数据库的完整备份，以防在维护计划失败后可以回滚数据库。开始维护计划后首先需要选择相应数据库，这里选择 S-P-Ssystem 数据库。在更新数据优化信息页面中，可以看到重新组织数据和索引页、更新查询优化器所使用的统计以及从数据库文件中删除未使用的空间 3 个选项。其中，重新组织数据和索引页功能可以实现重新组织数据库中所有的表索引和清除碎片，使系统运行非常顺畅；更新查询优化器所使用的统计功能可以对数据库中的每个索引统计信息分布进行重新抽样；删除未使用的空间选项的功能是减小数据库的物理空间和日志文件，本系统设计由手动操作实现这一功能。系统在这一步骤的设置为：在更新数据优化信息选项中，选择“更新查询优化器所使用的统计”选项。在数据库维护计划的第二步是检查数据库的完整性，这一任务可以检查表以及索引的性能和结构的完整性。在这一步骤的设置情况为：选择“检查数据库完整性”选项，并且选择“包含索引”。第三步骤为指定数据库备份计划，在这一步中选择“作为维护计划的一部分来备份数据库”，并选择里面的“完成时验证备份的完整性”这一选项。制定存储备份文件的位置选为磁盘。最后，设置维护计划产生的报表目录以及维护计划存储目录。最终，维护计划设置成功，如图 3.35 所示。

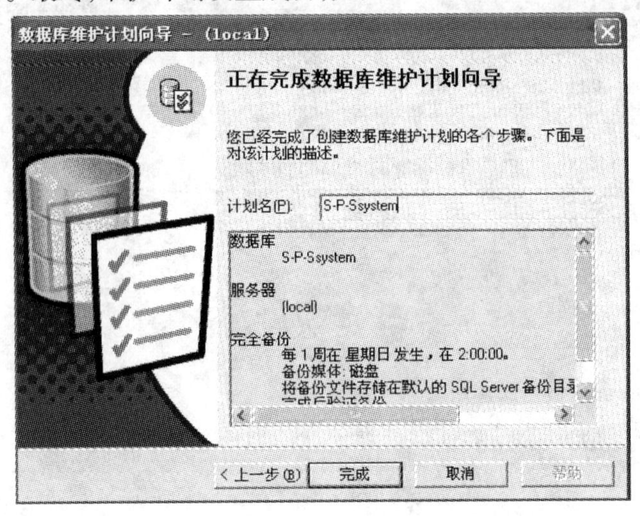

图 3.35 维护计划设置成功

本章小结

本章介绍了一个供产销管理系统的分析设计和维护过程。首先通过需求分析得出系统分析模型，并且通过对数据库进行需求分析，组织出数据库字典中的数据项与数据结构。接着把数据库需求转化为实体关系图的表达方式，得到数据库概念结构。然后将概念结构转化为数据库管理系统能识别的逻辑结构，即对数据库表空间进行设计等。最后为了数据库的高效运行还要考虑数据库物理结构的设计，物理结构的设计应该适合使用的 DBMS 及系统的实际需求。另外，本章还介绍了药厂供产销系统的具体实现步骤以及数据库维护方案。

由于涉及到系统的用户界面设计，本章还简要介绍了一些前台界面语言 JSP 的安装及 JSP 与 SQL Server 2000 的连接方法等。

第4章

企业 ERP 系统的设计与实现

学习目标 企业 ERP 管理软件产品是针对现代企业管理模式,吸收国外先进企业管理思想并结合中国企业的管理基础所研发的大型 ERP 软件。本章仅对于企业 ERP 系统中的人力资源系统进行详细介绍,通过该案例介绍 ERP 软件的设计过程。

4.1 系统需求说明

企业 ERP 管理软件产品是针对现代企业管理模式,吸收国外先进企业管理思想并结合中国企业的管理基础所研发的大型 ERP 软件,以帮助企业实现生产、物流、资金流、信息流的协同,为企业普遍关心的资金管理、客户管理、生产管理提供完善的解决方案。

企业 ERP 系统覆盖企业财务、销售、采购、客户关系、人力资源、生产制造、资料管理、工程项目、商业智能以及电子商务等业务,并针对一些特定的行业如证券、银行、基金、保险、电信、烟草流通以及公共财政等提供了行业应用方案。

一般来说,企业 ERP 可以向企业交付以下各种应用方案:①财务管理;②生产制造;③网络分销;④供应链管理;⑤客户关系管理;⑥人力资源管理;⑦资产管理;⑧企业门户;⑨商业智能;⑩电子商务等。每一个应用方案都会对应着整套的设计流程,由于篇幅有限,本章仅对于企业 ERP 系统中的人力资源系统进行详细介绍,如图 4.1 所示。

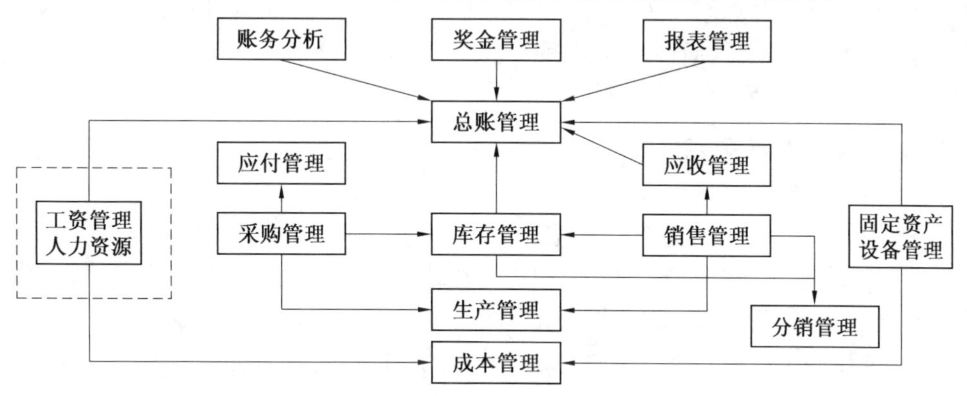

图 4.1 企业 ERP 系统框图

人力资源系统的特点是从人力资源角度出发,使用集中的数据库将几乎所有与人力资源相关的数据(如薪酬福利、招聘、人力资源计划、培训计划、职位管理、绩效管理、岗位描述、个人信息与历史资料)统一管理起来,形成集成的信息源。一个标准的人力资源管理系统应该包括图 4.2 所示的几大功能,除此之外系统还包括信息系统必须具备的通用功能,例如系统管理、权限设置、数据备份和恢复等内容。

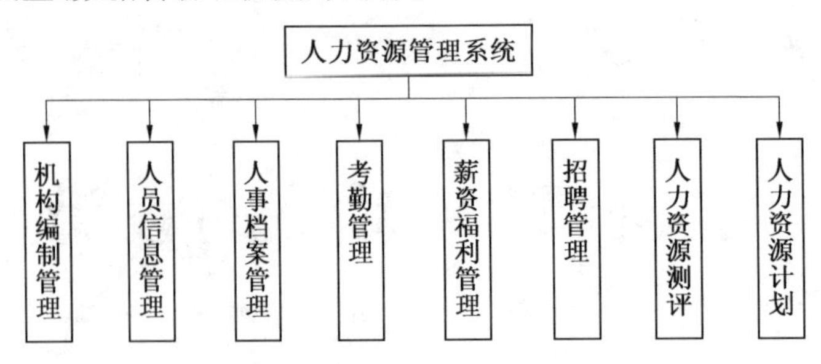

图 4.2　人力资源管理系统应包括的基本功能

4.2　数据库设计与实现

数据库设计是指根据用户的需求，在某一具体的数据库管理系统上，设计数据库的结构和建立数据库的过程。

4.2.1　需求分析

需求分析阶段为调查和分析用户的业务活动和数据的使用情况，弄清所用数据的种类、范围、数量以及它们在业务活动中交流的情况，确定用户对数据库系统的使用要求和各种约束条件等，形成用户需求规约。

1. 人力资源管理数据流图

人力资源管理模块作为企业 ERP 中的一个部分，人力资源的管理业务主要针对计算机管理的人力资源管理业务，可以全方位进行人力资源管理绩效评估，同时可方便地为产品的成本提供人工费用，以提高人力资源管理的信息共享程度。

人力资源管理业务如图 4.3 所示，分成机构编制管理、人力资源计划、人事档案管理、人力资源测评、招聘管理、考勤管理、人员信息管理、薪资福利管理等方面，其中几个主要数据流程图如图 4.4 ~4.7 所示。

2. 人力资源管理业务分析

(1) 机构编制管理

“机构编制管理”用于设置企业的组织机构，所包含的功能模块如图 4.8 所示。

对于大型企业、集团公司等用户，组织机构往往非常复杂，总公司下属很可能有多级子公司，子公司下又设置各部门，因此机构编制管理必须可以灵活的定义这些层次和属性，同时对于机构的编码可以根据所从属的上级机构自动生成。

“机构详细信息”用于管理组织机构的详细信息，包括这些机构的地址、联系方法、隶属关系、社会保险登记证号、事业保险缴费起始时间、缴费终止时间等信息。

(2) 人员信息管理

“人员信息管理”用于管理和查询企业员工的相关信息，所包含的功能模块如图 4.9 所示。

“人员信息管理”功能模块实现的功能介绍如下。

“职员基本信息”用于输入、修改和查询员工的信息，包括职员编号、姓名、姓名简码、曾

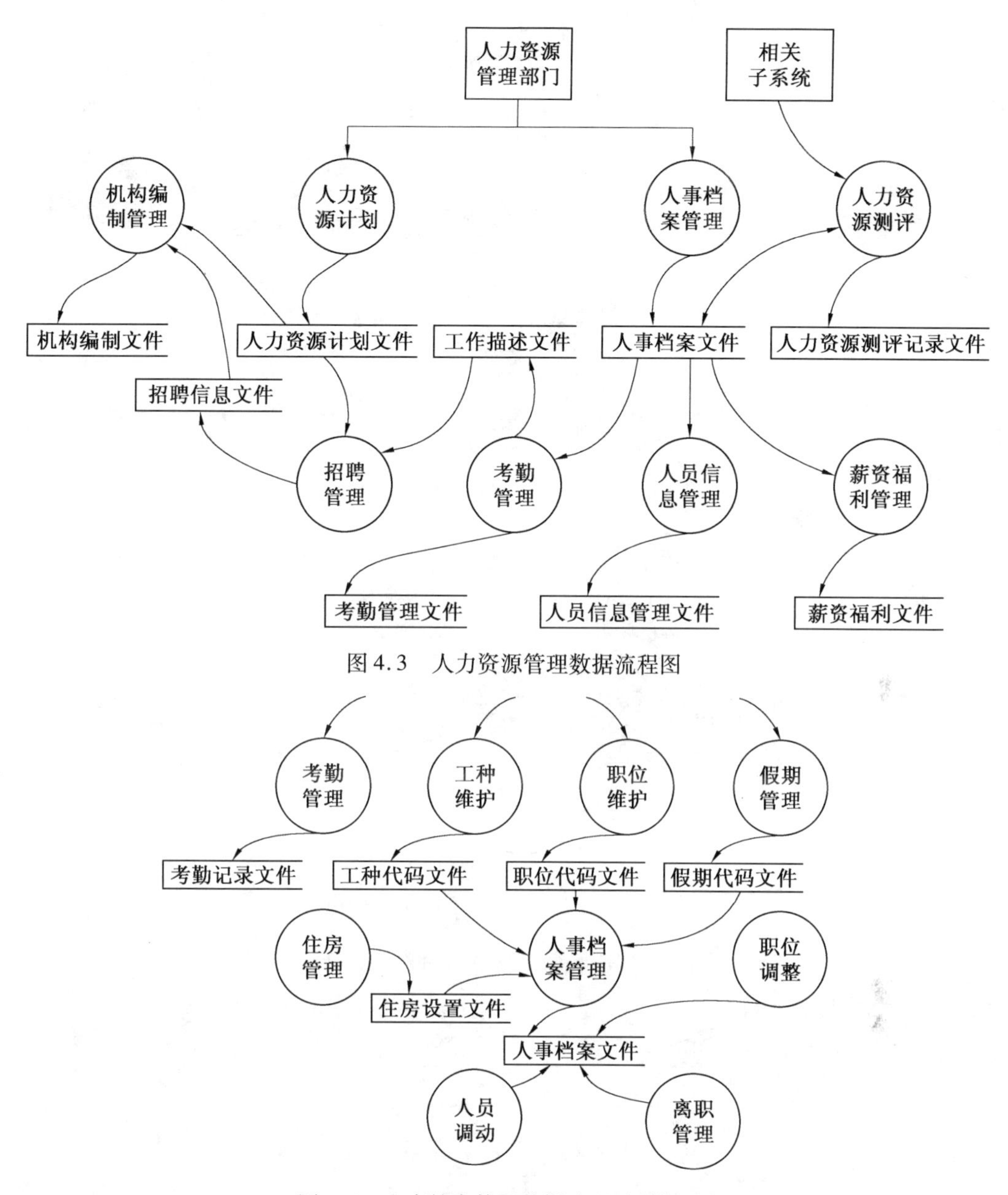

图 4.3　人力资源管理数据流程图

图 4.4　人事档案管理数据流程图(第二层)

用名、性别、出生日期、籍贯、出生地、民族、文化程度、毕业学校、健康状况、婚姻状况、职员类型、现任职务编号、职称、本人成分、参加工作时间、进入本系统工作时间、现身份起始时间、连续工龄、用工形式、用工期限、政治面貌、参加党派时间、职业类别、现从事专业、享受待遇级别、户口所在地、户口性质、身份证号码、港澳台侨属标识、干部录用来源、干部选聘审批单位、干部录聘时间、减员方式、减员时间、公务员录用来源、公务员特殊考试标识、进入跨地域标识、公务员录用时间、所属部门编号、年龄、入职方式、聘任日期、转正时间、工作岗位、社会保障号码、简历文件、照片文件、家庭地址、邮编、家庭电话、办公电话、手机、传呼机、电子邮件地址、工作描述、工作证件号码、职工帐号、备注等。

“职员教育经历”用于输入、修改和查询员工的学历信息，包括职员编号、学历、所学专

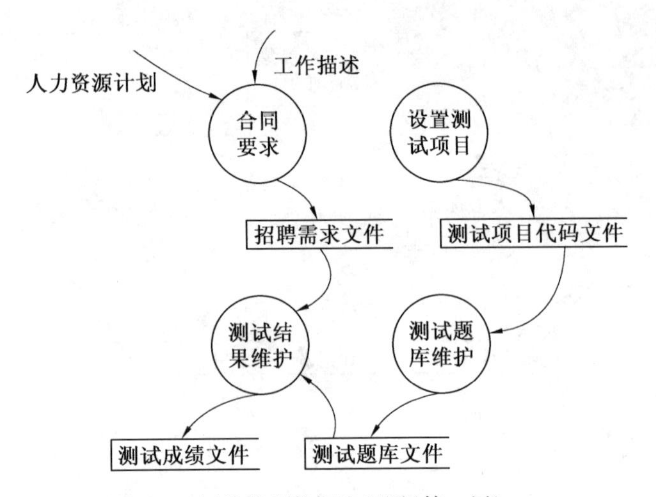

图 4.5 招聘管理数据流程图(第二层)

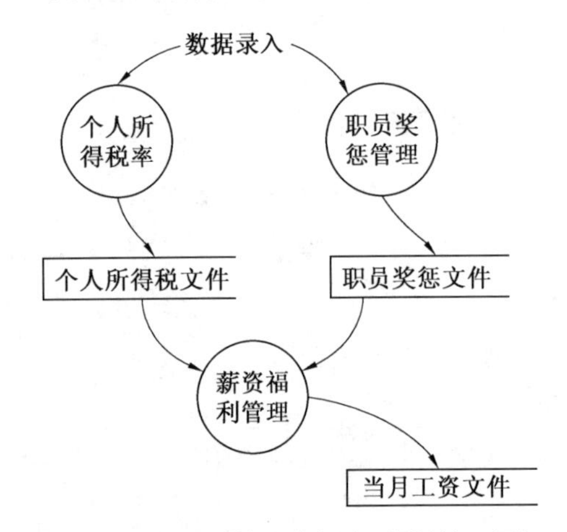

图 4.6 薪资福利管理数据流程图(第二层)

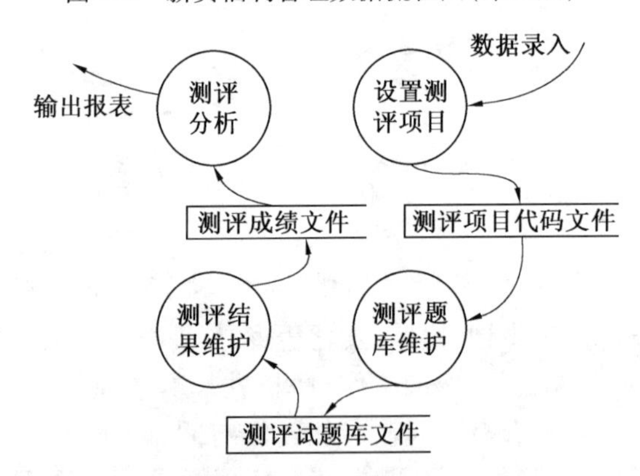

图 4.7 人力资源测评数据流程图(第二层)

业、入学时间、学习形式、学制、毕(肄)业时间、毕(肄)业学校及单位、学位、学位授予时间、学位授予国家地区、学位授予单位、备注等。

"职员个人简历"用于输入、修改和查询员工的党派及党内职务信息,包括职员编号、职务编号、职务类别、职务名称、任职时间、任职单位、任职形式、任职原因、任职文号、职务级

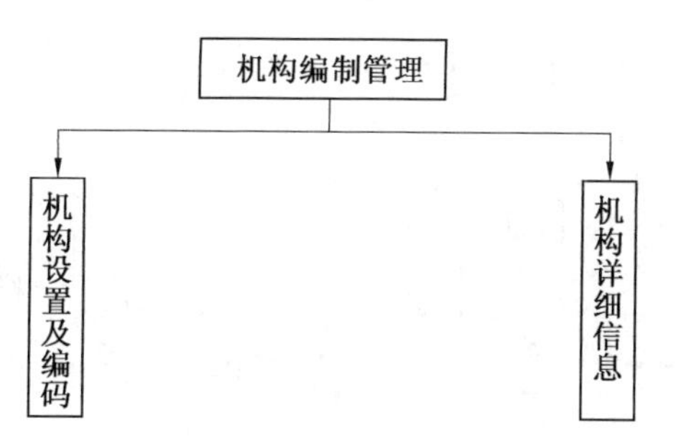

图 4.8 “机构编制管理”功能模块

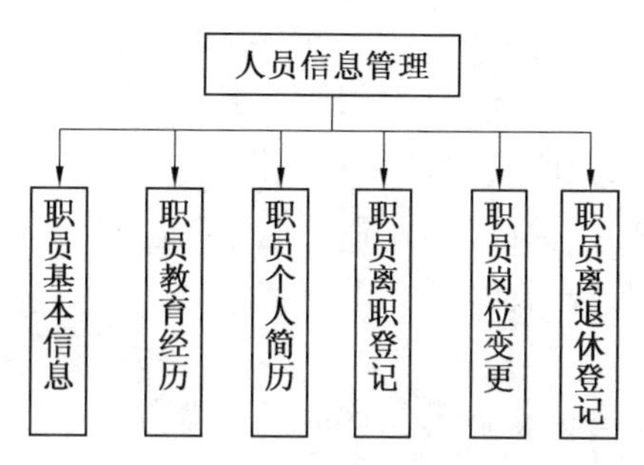

图 4.9 “人员信息管理”功能模块

别、职位分类、任职批准单位、职务变动类别、当前认知状况、主管或从事工作、免职时间、免职方式、免职原因、免职文号、免职批准单位、职务生效时间、降职原因、在下一级任职年限、职务属性、职员等级、备注等。

“职员离职登记”用于输入、修改和查询员工离职记录,包括职员编号、离职前部门、离职前职务、离职日期、离职原因、离职手续办理、人事主管意见、审批情况等。

“职员岗位变更”用于输入、修改和查询员工的岗位变更记录,包括职员编号、职务调动日期、调动前部门编号、调动前部门名称、调动前职务名称、调动后部门编号、调动后部门名称、调动原因、调动类型、人事部门意见、审批情况等。

“职员离退休登记”用于输入、修改和查询员工的离退休记录,包括职员编号、离退类别、离退休时间、离退休后享受级别、离退休费支付单位、离退休后管理单位、异地安置、返聘情况、异地安置时间、死亡时间、离退休费、备注等。

(3) 人事档案管理

“人事档案管理”用于管理和查询企业员工人事档案相关信息,所含功能模块如图 4.10 所示。

人事档案管理功能模块实现的功能介绍如下。

“存入档案管理”用于输入员工的档案信息,包括档案编号、职员编号、档案类型、档案存放位置、档案存放项目、档案存入日期等。该模块不能修改已输入的档案信息。

“档案查询申请”用于填写档案查询申请,内容包括查询人姓名、查询人身份证件、档案编号、查询事由、查询日期、审批情况等。

“档案查询审批”用于对前面填写的查询申请进行审批,决定是否同意查询。

“档案查询情况”用于记录档案查询历史,可以在该模块中查询到何人在何时间查询了谁的档案。

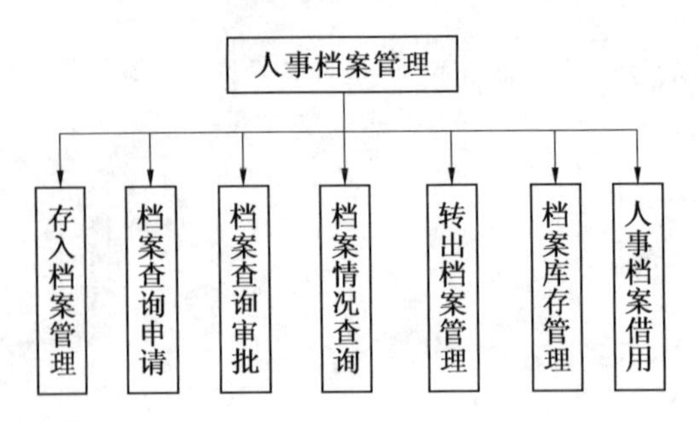

图 4.10 “人事档案管理”功能模块

“转出档案管理”用于将员工的档案转出，填写的内容包括档案编号、转出日期、转出目的地、转出事由等。

“档案库存管理”用于修改和查询员工的档案信息。

“人事档案借用”用于输入、修改和查询员工档案借出、借入信息、包括档案编号、借用类型(借入、借出)、借用日期、源目的单位、借用事由等。

(4)考勤管理

“考勤管理”用于管理和查询企业员工的工作出勤情况，包含的功能模块如图 4.11 所示。该功能一般和考勤配套使用，员工的上、下班时间自动记载并转入系统中，当然在系统中也提供人工录入的功能，这样即便没有使用考勤机也可以使用该功能。

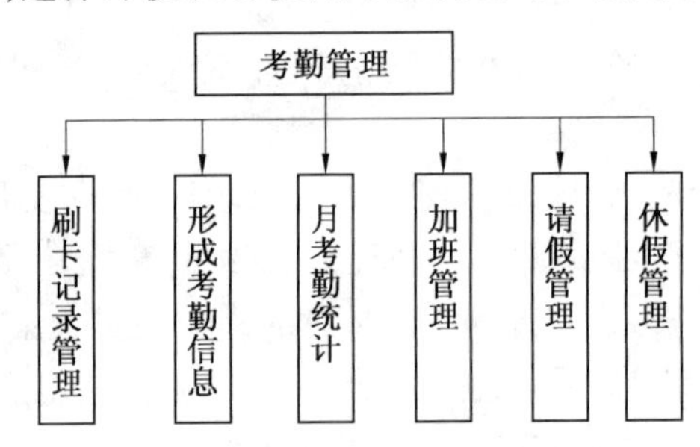

图 4.11 “考勤管理”功能模块

考勤管理功能模块实现的功能介绍如下。

“刷卡记录管理”用于输入和查询员工的每天上、下班时间记录，内容包括日期、职员编号、刷卡时间等。这些信息一般由考勤机自动读入，不使用考勤机也可以在该功能模块中人工录入。

“形成考勤信息”用于将刷卡机记录产生考勤信息，内容包括日期、职员编号、上班刷卡信息、下班刷卡信息、出勤属性、是否迟到、是否早退、是否矿工、迟到时间、早退时间、加班时间等。刷卡记录中记录的仅仅是员工刷卡的时间，该功能根据一天中不同时间的刷卡记录生成考勤信息。

“月考勤统计”用于统计员工制定月份的出勤信息，包括日期、职员编号、迟到次数、早退次数、旷工次数、请假次数、加班时间等。

“加班管理”用于输入和查询员工的加班信息，包括职员编号、加班类型、加班日期、加班开始时间、加班结束时间、加班时数、加班原因、审批情况等。

“请假管理”用于输入和查询员工的请假信息，包括职员编号、请假类型、请假日期、请假开始时间、请假结束时间、请假时数、请假原因、审批情况等。

"休假管理"用于输入和查询员工的休假信息,包括职员编号、休假类型、休假日期、休假开始时间、休假结束信息、休假时数、休假原因、审批情况等。

(5)薪资福利管理

"薪资福利管理"用于管理企业员工的薪资和福利,所包含的功能模块如图4.12所示。

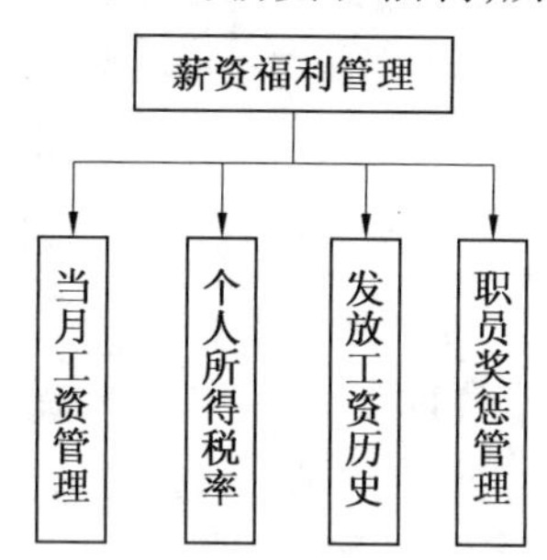

图4.12 "薪资福利管理"功能模块

薪资福利管理功能模块实现的功能介绍如下。

"当月工资管理"用于计算给员工当月的工资,内容包括日期、月份、职员编号、基本工资、浮动工资、合同补、粮副补、洗理费、车餐费、水电煤补、书报费、房补、利息、临时补、职务工资、工龄工资、考核工资、加班费、物价津贴、交通津贴、伙食津贴、医疗补贴、高温津贴、奖金、福利、高职补、独子补、差额补、电话补、应发金额合计、房租、水电费、请假扣除、考勤扣除、罚款、工会费、住房公积金、医疗保险、养老保险、失业保险、生育保险、工商保险、利息税、应扣金额合计、工资合计、个人所得税、实发金额、职工账号、是否发放、工资类型等。第一次使用该功能时员工的基本薪资信息,例如基本工资、各种补贴和各种保险等需要人工输入,输入无误后通过系统可以自动计算出应发金额合计、应扣金额合计、工资合计、个人所得税及实发金额等数据。因为薪资的大部分项目对个人来说基本是一致的,所以以后工资计算可以将历史数据直接导入,需要修改的地方单独调整就可以了。该功能还可以进行工资发放的操作,确定工资已发放并制作工资条。

"个人所得税率"用于设置个人所得税的税率,这样系统可以自动计算出个人应缴纳的税金并自动扣除,该功能设置的内容包括级数、不计税工资、工资下限、工资上限、个人所得税率、速算扣除数、备注等。

"发放工资历史"用于查询历史发放工资的记录。

"职员奖惩管理"用于管理职员的奖励信息,内容包括职员编号、奖惩类型、奖惩金额、是否计入工资、奖惩原因、部门意见、奖惩日期等。其中"是否计入工资"属性决定该奖励是否计入工资,如果选择"是",则在"当月工资管理"功能中计算当月工资时该奖励项目自动计入"奖金"属性。

(6)人力资源测评

"人力资源测评"在组织的人力资源开发与管理中具有以下几个方面的作用:

①为人力资源获取提供依据;②为人力资源使用提供指导;③为人力资源开发提供方向。

"人力资源测评"所包含的功能模块如图4.13所示。

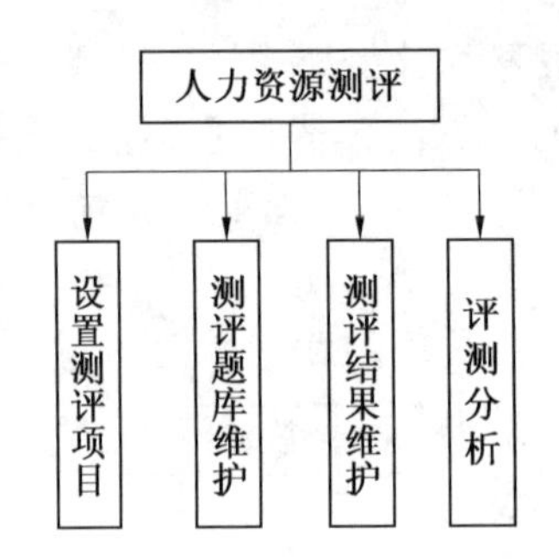

图 4.13 “人力资源测评”功能模块

“人力资源测评”功能模块实现的功能介绍如下。

“设置测评项目”主要包括企业管理能力倾向、创造能力、管理动机、职业兴趣、认知风格、气质特征、典型人格特征 7 个方面的测试,用于测试管理者的多方面心理特征和素质。每个部分可以单独使用,也可多个部分结合使用。

“测评题库维护”对于题库内容进行维护,包括添加题目、查询题目、更新题目、删除题目等内容。

“测评结果维护”对于测评结果内容进行维护,包括查询、统计等功能。

“测评分析”:某一项目可能有多种测评方法,这就需要对各种方法进行深入分析、比较,认真选择。对某些人员的测评可能要选择多个测评项目。在引入新的方法时要对其进行验证,以确定其适用性。

(7)招聘管理

“招聘管理”用于管理和跟踪企业招聘新员工时的全过程,所包含的功能模块如图 4.14 所示。

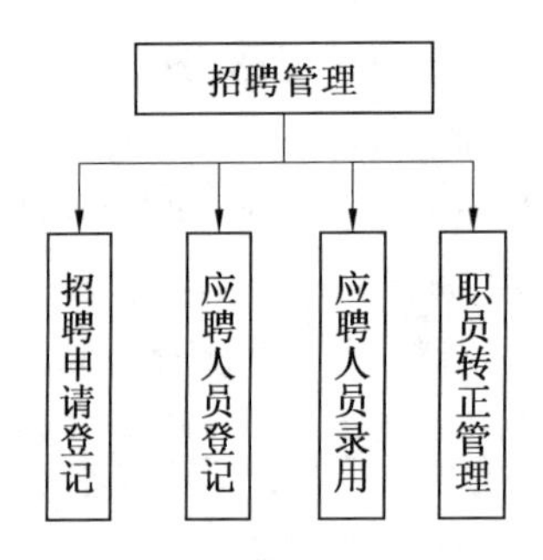

图 4.14 “招聘管理”功能模块

“招聘管理”功能模块实现的功能介绍如下。

“招聘申请登记”用于管理下属各部门的招聘信息,内容包括申请人编号、部门编号、拟招聘人数、工作内容、招聘日期、拟聘人员所需条件、招聘理由、招聘方式、审批情况等。如果必要,还可以将该功能分为两个子功能,分别是申请和审批。这样,“审批情况”属性就能在审批功能中修改了。

“应聘人员登记”用于管理所有应聘人员的信息,内容包括应聘人编号、应聘人姓名、姓名简码、应聘职务编号、应聘部门编号、出生日期、出身地、性别、婚姻状况、健康状况、政治面貌、家庭电话、手机、寻呼机、户口所在地、家庭地址、电子邮件地址、邮编、身份证号码、文化程度、外语水平、简历文件、照片文件、其他特长、工作职责描述、希望待遇、备注等。

“应聘人员录用”用于对通过面试的应聘人员进行录用登记,内容包括应聘人编号、面试分数、笔试成绩、综合考核、职员编号、开始聘用日期、试用期、是否转入职员表等。

“职员转正管理”用于将处于试用期的员工转为正式员工,涉及的内容包括应聘人编号、职员编号、证件号码、职工账号、聘任日期、工作电话、聘任合同编号、是否转为正式员工等。

(8)人力资源计划

“人力资源计划”以企业发展战略为指导,以全面核查现有人力资源、分析企业内外部条件为基础,人力资源规划还通过人事政策的制定对人力资源管理活动产生持续和重要的影响,包含的功能模块如图 4.15 所示。

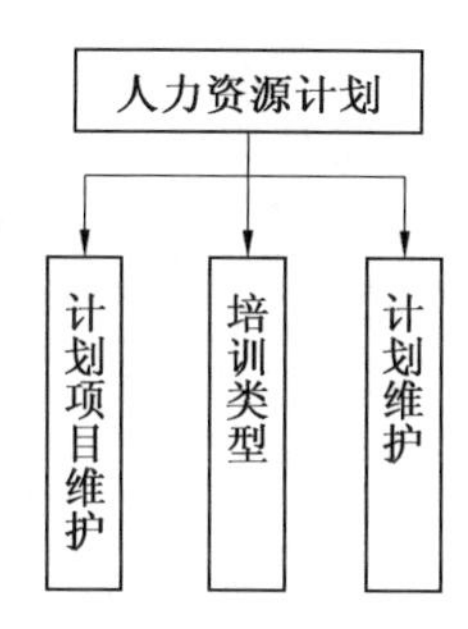

图 4.15　“人力资源计划”功能模块

人力资源计划功能模块实现的功能介绍如下。

“计划项目维护”用于维护培训计划内容,内容包括晋升规划、补充规划、培训开发规划、人员调配规划、工资规划等,基本涵盖了人力资源的各项管理工作,人力资源规划还通过人事政策的制定对人力资源管理活动产生持续和重要的影响。

“培训类型”用于记录人力资源培训计划中培训信息的管理,内容包括培训编号、培训类型、培训目标、培训效果说明等。

“计划维护”用于培训计划的查询和更新操作等。

4.2.2　概念结构设计

概念设计阶段是对用户要求描述的现实世界(可能是一个工厂、一个商场或者一个学校等),通过对其中住处的分类、聚集和概括,建立抽象的概念数据模型。这个概念模型应反映现实世界各部门的信息结构、信息流动情况、信息间的互相制约关系以及各部门对信息储存、查询和加工的要求等。所建立的模型应避开数据库在计算机上的具体实现细节,用一种抽象的形式表示出来。以扩充的实体-联系模型(E-R 模型)方法为例,第一步先明确现实世界各部门所含的各种实体及其属性、实体间的联系以及对信息的制约条件等,从而给出各部门内所用信息的局部描述(在数据库中称为用户的局部视图);第二步再将前面得到的多个用户的局部视图集成为一个全局视图,即用户要描述的现实世界的概念数据模型。

根据以上需求分析,一个基本的人力资源管理系统数据库中大致包括 70 张表,分别存放相应于功能的数据信息,其中组织机构编码表和职员基本信息表示关键的表,用于存放基础的数据信息。其他涉及组织机构信息和职员信息的表,都只记录机构或职员的编号,根据作为外键的编号字段和组织机构编号表或职员基本信息表相对应。因此这两张表和其他表间的关系是 1∶n 的关系。

因为整个系统涉及的实体和属性较多,限于篇幅不能也没有必要一一列举。图 4.16 为人力资源管理系统关键实体的 E-R 图。

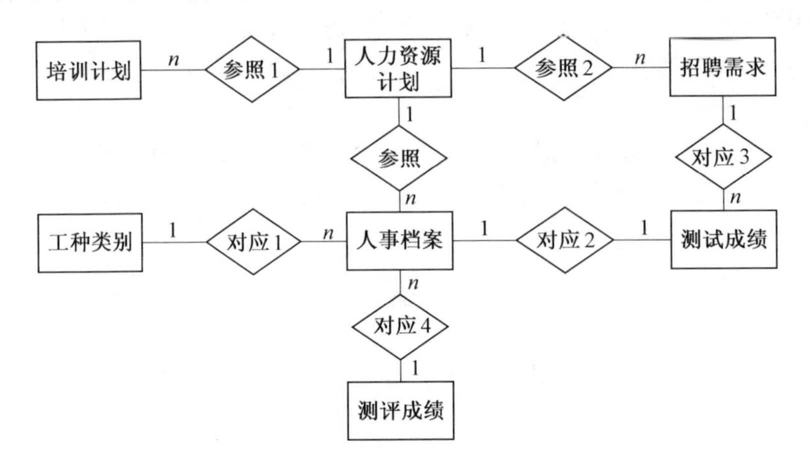

图 4.16 人力资源管理的实体关系

4.2.3 逻辑结构设计

逻辑设计的主要工作是将现实世界的概念数据模型设计成数据库的一种逻辑模式,即适应于某种特定数据库管理系统所支持的逻辑数据模式。与此同时,可能还需为各种数据处理应用领域产生相应的逻辑子模式。这一步设计的结果就是所谓“逻辑数据库”。

根据上一阶段概念结构设计所得的 E-R 图,得出一个基本的人力资源管理系统数据库,本系统中大致包括 76 张表,分别存放相应于功能的数据信息,其中组织机构编码表和人员基本信息表示关键的表,用于存放基础的数据信息。

本节中将组织结构、薪资福利等表结构作为逻辑结构设计的基本实例进行详细描述,而其他表结构由于篇幅有限,本书中不一一列举。

(1)组织机构编码表

组织机构编码表的结构见表 4.1。

表 4.1 组织机构编码表结构

字段名称	类 型	宽 度	小 数	Nulls
内部编号	integer	4		否
类型	character	100		是
ABSINDEX	integer	4		是
ITEMINDEX	integer	4		是
ITEMLEVEL	integer	4		否
PARENTINDEX	integer	4		是
类别号	character	10		是

续表 4.1

字段名称	类型	宽度	小数	Nulls
单位编号	character	20		否
单位名称	character	100		是
拼音编码	character	50		是
单位地址	character	100		是
单位电话号码	character	50		是
开户银行	character	100		是
账号	character	50		是
开户全称	character	100		是

(2)职员基本信息表

职员基本信息表的结构如表 4.2 所示。

表 4.2　职员基本信息表结构

字段名称	类　型	宽　度	小　数	Nulls
内部编号	integer	4		否
职员编号	character	30		否
姓名	character	20		否
姓名简码	character	10		是
性别	character	2		是
出生日期	integer	4		是
年龄	integer	4		是
籍贯	character	50		是
民族	character	20		是
文化程度	character	50		是
毕业学校	character	100		是
健康状况	character	50		是
婚姻状况	character	10		是
身份证号码	character	18		是
家庭电话	character	50		是
办公电话	character	50		是
手机	character	50		是
电子邮件地址	character	50		是
职工账号	character	20		是
单位编号	character	20		是
备注	character	100		是

(3)其他表

表4.3～4.6为其他表的结构。

表4.3 月工资统计表结构

字段名称	类　型	宽　度	小　数	Nulls
日期	integer	4		是
职员编号	character	30		否
基本工资	double	8	2	是
浮动工资	numeric	20	2	是
合同补	numeric	20	2	是
粮副补	numeric	20	2	是
房补	numeric	20	2	是
临时补	numeric	20	2	是
职务工资	numeric	20	2	是
工龄工资	numeric	20	2	是
考核工资	numeric	20	2	是
奖金	numeric	20	2	是
应发金额合计	numeric	20	2	是
房租	numeric	20	2	是
水电费	numeric	20	2	是
请假扣除	numeric	20	2	是
考勤扣除	numeric	20	2	是
罚款	numeric	20	2	是
住房公积金	numeric	20	2	是
医疗保险	numeric	20	2	是
养老保险	numeric	20	2	是
失业保险	numeric	20	2	是
生育保险	numeric	20	2	是
工伤保险	numeric	20	2	是
应扣金额合计	numeric	20	2	是
工资合计	numeric	20	2	是
个人所得税	numeric	20	2	是
实发金额	numeric	20	2	是
发放否	character	10		是
月份	integer	4		是

表 4.4　个人所得税表结构

字段名称	类　型	宽　度	小　数	Nulls
编号	integer	4		否
级数	character	2		否
不计税工资	numeric	20	2	否
工资下限	numeric	20	2	否
工资上限	numeric	20	2	否
个人所得税率	numeric	20	2	否
速算扣除数	numeric	20	2	否
备注	character	50		是

表 4.5　工资发放历史表结构

字段名称	类　型	宽　度	小　数	Nulls
日期	integer	4		是
职员编号	character	30		是
基本工资	double	8	2	是
浮动工资	numeric	20	2	是
合同补	numeric	20	2	是
粮副补	numeric	20	2	是
房补	numeric	20	2	是
临时补	numeric	20	2	是
职务工资	numeric	20	2	是
工龄工资	numeric	20	2	是
考核工资	numeric	20	2	是
奖金	numeric	20	2	是
应发金额合计	numeric	20	2	是
房租	numeric	20	2	是
水电费	numeric	20	2	是
请假扣除	numeric	20	2	是
考勤扣除	numeric	20	2	是
罚款	numeric	20	2	是
住房公积金	numeric	20	2	是
医疗保险	numeric	20	2	是
养老保险	numeric	20	2	是

续表 4.5

字段名称	类　型	宽　度	小　数	Nulls
失业保险	numeric	20	2	是
生育保险	numeric	20	2	是
工伤保险	numeric	20	2	是
应扣金额合计	numeric	20	2	是
工资合计	numeric	20	2	是
个人所得税	numeric	20	2	是
实发金额	numeric	20	2	是
发放否	character	10		是
月份	integer	4		是

表 4.6　职员奖惩表结构

字段名称	类型	宽度	小数	Nulls
序号	integer	4		否
职员编号	character	30		否
奖惩类型	character	20	2	是
奖惩金额	double	8	2	是
是否计入工资	character	10	2	是
奖惩原因	character	50	2	是
部门意见	character	100	2	是
奖惩日期	integer	4		是

4.2.4　物理结构设计

物理设计阶段为根据特定数据库管理系统所提供的多种存储结构和存取方法等依赖于具体计算机结构的各项物理设计措施，对具体的应用任务选定最合适的物理存储结构（包括文件类型、索引结构和数据的存放次序与位逻辑等）、存取方法和存取路径等。这一步设计的结果就是所谓“物理数据库”。

物理设计阶段一般都由数据库管理系统来完成，本例选取 SQL Server 2005 作为数据库后台实现平台，为此，设计完成的逻辑结构对应的物理存储结构、存取方法和存取路径均由数据库管理系统实现。

4.3　用户界面设计概要

根据以上分析得出，人力资源管理系统由 8 大功能模块构成，每一功能模块完成相应的功能需求，如图 4.17 所示。在此本书不能将所有的功能都加以实现，重点对于薪资福利管理这个小功能模块的实现进行详细描述，通过不同的表现形式进行展现。

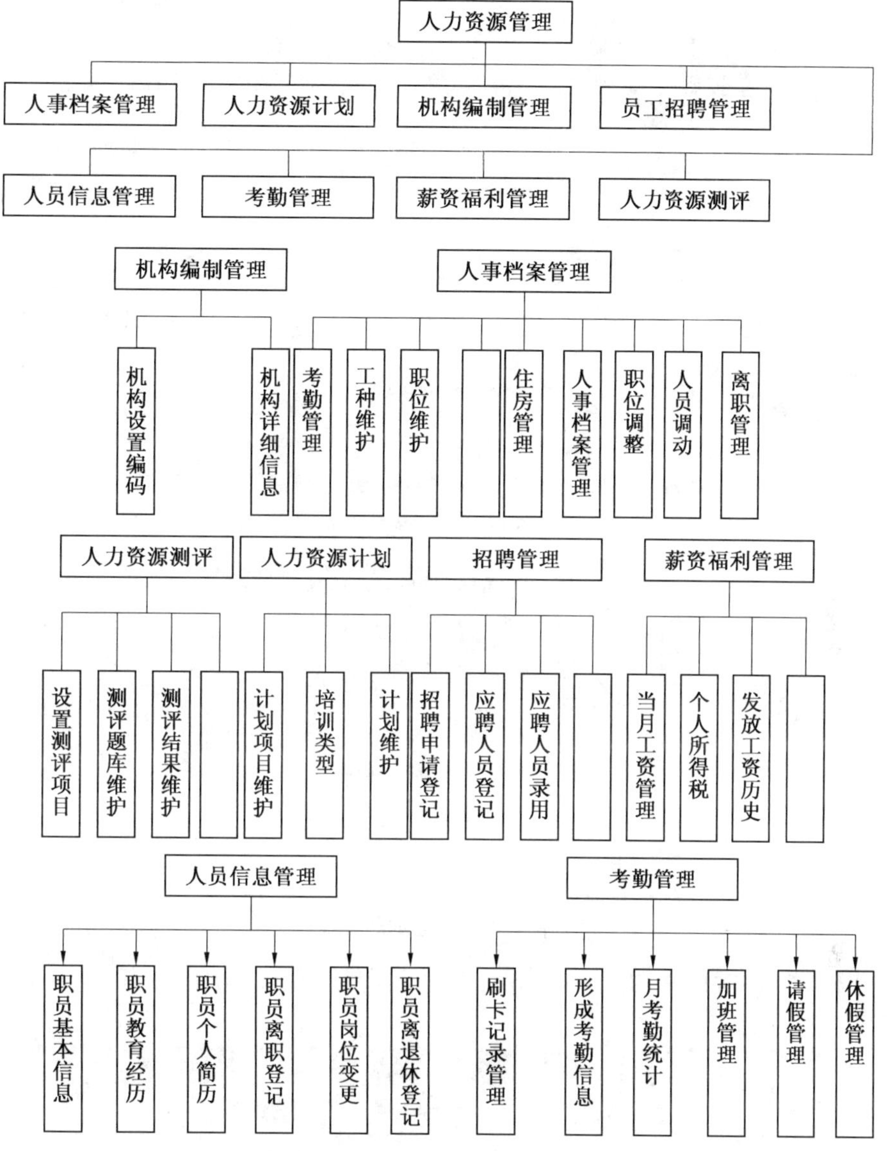

图 4.17　详细介绍的功能模块

本小节分别采用 ASP 技术实现 B/S 模式的人员信息管理模块，以及采用 C#语言实现 C/S 模式的人员信息管理模块。在每种实现方法中都对一个页面的设计与实现来重点说明相关技术的使用。

4.3.1　基于 B/S 模式下的系统实现

本章采用 ASP 技术实现 B/S 模式的人员信息管理模块，系统的主界面如图 4.18 所示。

4.3.2　基于 C/S 模式下的系统实现

本章采用 C#语言实现 C/S 模式的人员信息管理模块。用户登录界面如图 4.19 所示。

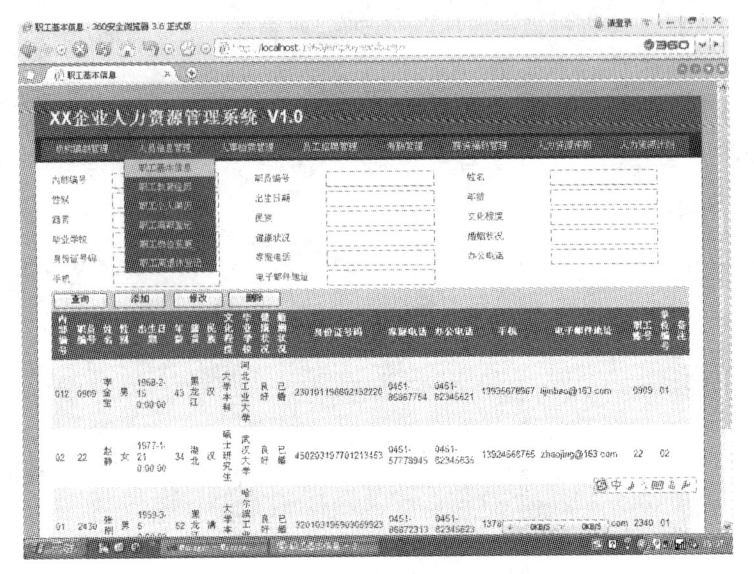

图 4.18　B/S 模式下系统运行界面截取图

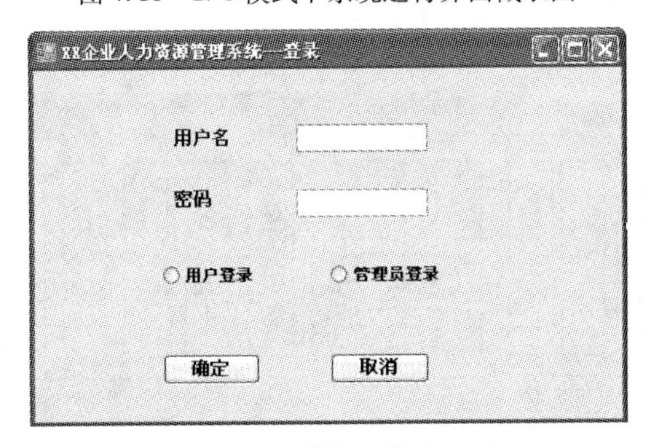

图 4.19　C/S 模式下的登录界面

C/S 模式系统运行主菜单界面如图 4.20 所示，C/S 模式系统信息添加界面截取图如图 4.21 所示。

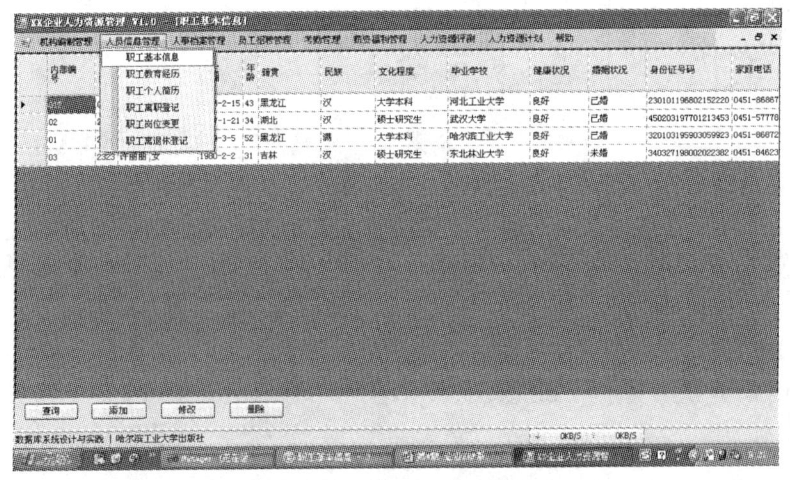

图 4.20　C/S 模式系统运行界面截取图

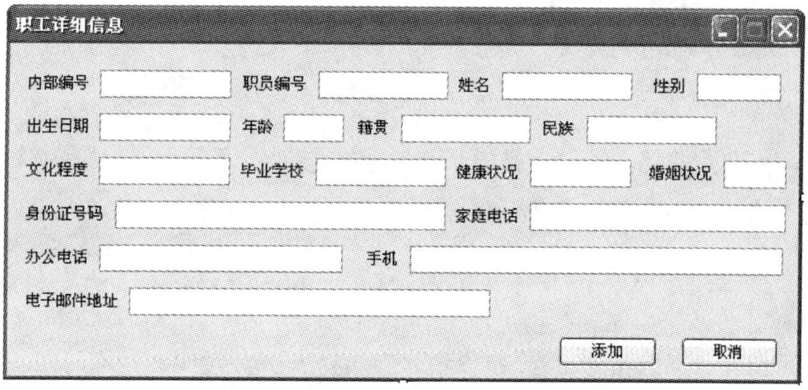

图 4.21　C/S 模式系统信息添加界面截取图

4.4　数据库实施与维护

在系统功能模块前台界面完成的同时，并在完成数据库物理设计之后，就应该进入数据库实施阶段，开始组织数据入库。

4.4.1　数据库实施

数据库实施包括两项重要的工作，一项是数据的载入，另一项是应用程序的编码和调试。本章介绍的数据库设计由 SQL Server 2005 完成，该 RDBMS 提供不同 RDBMS 之间数据转换的工具，可以实现数据库实施任务。数据库转换操作界面如图 4.22 所示。

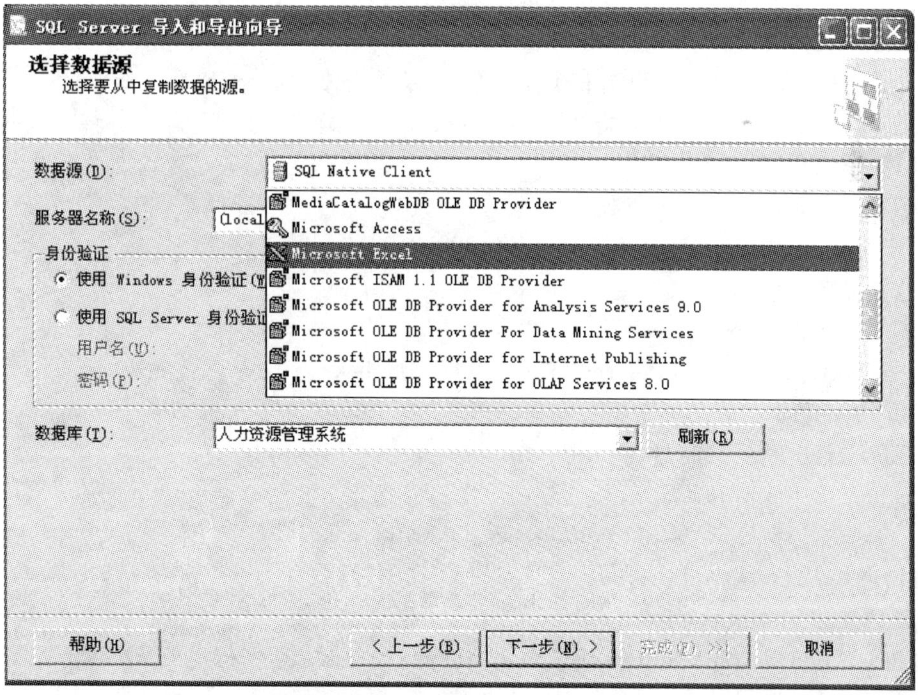

图 4.22　数据库转换操作界面

4.4.2 数据库备份恢复方案

1. 数据库备份

SQL Server 2005 数据库备份一般情况分为两种：一是手工备份；二是自动备份。以下是两种方法的步骤。

(1)手工备份

①打开数据库，选择要备份数据库，右键选择[任务]->[备份]，打开备份数据库页面，在[源]选择要备份的数据库和备份类型。

②在备份组件选择数据库。在[备份集]填写备份名称、说明和过期时间。这个可根据用户需求去填写。

③在[目标]中选择磁盘或磁带。一般情况下都是备份到磁盘，然后点击右边添加按钮，选择文件保存的路径和文件名，最后点击[确定]完成数据库的备份。

(2)动备份

①启动 SQL Server Agent 服务，打开[配置工具]中的[SQL Server Configuration Manager]窗口，点击[SQL Server 配置管理器(本地)]→[SQL Server2005 服务]，右面窗口显示的是当前所有服务的运行状态，右键点击[SQL Server Agent]选择启动菜单。

②创建作业。打开[Management Studio]，展开 SQL Server 代理，右键点击[作业]选择[新建作业]菜单。

③添加常规。在(2)中的[选择页]中选择[常规]选项，输入作业名称 。

④添加步骤，在(2)中的[选择页]中选择[步骤]，点击窗口下方的[新建]按钮，输入步骤名称、选择操作数据库。在命令输入框中输入作业执行的 T-SQL 语句。

⑤添加计划，设置频率、时间等。

⑥各选项卡选择完成后，点击右下角[确定]保存相关设置，完成新建作业。

其中，T-SQL 语句分为几个类型，如下列描述。

(1)完整备份

```
Backup Database NorthwindCS
To disk = 'G:\Backup\NorthwindCS_Full_20070908.bak'
```

(2)差异备份

```
Backup Database NorthwindCS
To disk = 'G:\Backup\NorthwindCS_Df_20070908.bak'
With Dferential
```

(3)日志备份默认截断日志

```
Backup Log NorthwindCS
To disk = 'G:\Backup\NorthwindCS_Log_20070908.bak'
```

(4)日志备份不截断日志

```
Backup Log NorthwindCS
To disk = 'G:\Backup\NorthwindCS_Log_20070908.bak'
With No_Truncate
```

(5)截断日志不保留

```
Backup Log NorthwindCS
With No_Log
```

或者

```
Backup Log NorthwindCS
With Truncate_Only
```

截断之后日志文件不会变小

有必要可以进行收缩

(6)文件备份

```
Exec Sp_Helpdb NorthwindCS --查看数据文件
Backup Database NorthwindCS
File='NorthwindCS' --数据文件逻辑名
To disk='G:\Backup\NorthwindCS_File_20070908.bak'
```

(7)文件组备份

```
Exec Sp_Helpdb NorthwindCS --查看数据文件
Backup Database NorthwindCS
FileGroup='Primary' --数据文件逻辑名
To disk='G:\Backup\NorthwindCS_FileGroup_20070908.bak'
With init
```

(8)分割备份到多个目标

```
--恢复时候不允许丢失任何目标
Backup Database NorthwindCS
To disk='G:\Backup\NorthwindCS_Full_1.bak'
disk='G:\Backup\NorthwindCS_Full_2.bak'
```

(9)镜像备份

```
--每个目标都相同
Backup Database NorthwindCS
To disk='G:\Backup\NorthwindCS_Mirror_1.bak'
Mirror
To disk='G:\Backup\NorthwindCS_Mirror_2.bak'
With Format
--第次做镜像备份时候格式化目标
```

(10)镜像备份到本地和远程

```
Backup Database NorthwindCS
To disk='G:\Backup\NorthwindCS_Mirror_1.bak'
Mirror
To disk='\\192.168.1.200\Backup\NorthwindCS_Mirror_2.bak'
With Format
```

(11)每天生成备份文件

```
Declare @ Path Nvarchar(2000)
Set @ Path ='G:\Backup\NorthwindCS_Full_'
+Convert(Nvarchar,Getdate,112)+'.bak'
Backup Database NorthwindCS
Tohttp://www.hack58.net/Article/html/3/7/2008/mailtdisk=@ Path
```

2. 数据库恢复

(1) 打开 SQL 企业管理器,在控制台根目录中打开 Microsoft SQL Server。

(2)SQL Server 组-->双击打开你的服务器-->点图标栏的[新建数据库]图标,新建数据库的名字。

(3)点击新建好的数据库名称-->然后点击上面菜单中的工具-->选择恢复这[数据库]。

(4)在弹出来的窗口中的[还原]选项中选择[从设备]-->点击[选择设备]-->点击[添加]-->然后选择备份文件名-->添加后点击[确定]返回。

这时候设备栏出现刚选择的数据库备份文件名,备份号默认为1(如果对同一个文件做过多次备份,可以点击备份号旁边的[查看内容],在复选框中选择最新的一次备份后点击[确定])-->然后点击上方[常规]旁边的[选项]按钮。

(5)在出现的窗口中选择[在现有数据库上强制还原],以及在恢复完成状态中选择[使数据库可以继续运行但无法还原其他事务日志]的选项。在窗口的中间部位将数据库文件还原为这里要按照 SQL 的安装进行设置(也可以指定自己的目录),逻辑文件名不需要改动,移至物理文件名要根据所恢复的机器情况做改动。

(6)修改完成后,点击下面的[确定]进行恢复,这时会出现一个进度条,提示恢复的进度,恢复完成后系统会自动提示成功,如中间提示报错,请记录下相关的错误内容并询问对 SQL 操作比较熟悉的人员,一般的错误无非是目录错误、文件名重复、文件名错误、空间不够、数据库正在使用中的错误。对于数据库正在使用的错误,您可以尝试关闭所有关于 SQL 窗口,然后重新打开进行恢复操作,如果还提示正在使用的错误可以将 SQL 服务停止然后重起看看。至于上述其他的错误一般都能按照错误内容做相应改动后即可恢复。

其中,T-SQL 语句分为几个类型,如下列描述。

(1)从 NoRecovery 或者 Standby 模式恢复数据库为可用。

```
Restore Database NorthwindCS_Bak
With Recovery
```

(2)查看目标备份中备份集。

```
Restore HeaderOnly
From Disk ='G:\Backup\NorthwindCS_Full_20070908.bak'
```

(3)查看目标备份第个备份集信息。

```
Restore FileListOnly
From Disk ='G:\Backup\NorthwindCS_Full_20070908_2.bak'
With File=1
```

(4)查看目标备份卷标。

```
Restore LabelOnly
From Disk =´G:\Backup\NorthwindCS_Full_20070908_2.bak´
```

(5)备份设置密码,保护备份。

```
Backup Database NorthwindCS
To disk=´G:\Backup\NorthwindCS_Full_20070908.bak´
With Password = ´123´,init
Restore Database NorthwindCS
From disk=´G:\Backup\NorthwindCS_Full_20070908.bak´
```

4.4.3 数据维护方案

在数据库运行阶段,对数据库经常性的维护工作主要是由DBA完成的,包括以下内容。

(1)数据库的转储和恢复;

(2)数据库的安全性、完整性控制;

(3)数据库性能的监督、分析和改造;

(4)数据库的重组织与重构造。

本章小结

本章主要以人力资源管理系统为描述内容,期望通过该系统的详细描述给读者一个感性认识,对于企业ERP系统的设计与实现都是基于此类技术及方法。该系统具有友好的用户界面、强有力的报表生成工具、分析工具,信息的共享使用使得人力资源管理人员得以摆脱繁重的日常工作,集中精力从战略的角度考虑企业人力资源规划和政策。

第 5 章

案例需求

学习目标　本章介绍了5个典型的数据库应用系统的系统案例需求，详细介绍了各个案例的需求分析、概念结构设计和逻辑结构设计过程，读者可以在课程设计实践中，选择其中的题目，进行后续的设计。本章为课程设计提供了备选题目。

5.1　办公自动化系统设计

5.1.1　绪论

1. 项目背景

网络办公自动化管理系统（OA），是伴随着Internet技术在各个领域的广泛应用，和各行各业企业信息化建设步伐的加快应运而生的。当代社会已经进入信息时代，信息技术革命使社会的各个领域都发生了翻天覆地的变化，每个企业都必须紧跟时代的步伐，加强企业竞争力和提升现代化企业的管理能力，以适应整个社会的发展变化。

企业对信息需求的增长，使计算机、网络技术已经渗透到企业的日常工作中。传统的企业内信息的交流方式早已不能满足企业对大量信息的快速传递与处理的需求，网络办公自动化管理系统的应用满足了企业的办公网络化、自动化的管理需求，提高了企业内部的管理水平，进而全面提升了企业在市场竞争中的综合竞争力。

2. 项目目标

本项目拟实现企业客户管理系统的基本功能，具有较强的实用性，可有效地解决手工管理的弊端，能够极大地提高客户信息管理的效率。本系统的用户是颉特计算机科技公司集团，由于该企业对核心业务类软件的应用已较为成熟，大部分具备技术条件的单位逐渐开始应用外围服务类软件，使办公自动化的工作模式和传统的办公方式相融合；本项目采用先进的软硬件系统和各级颉特计算机科技公司集团单位办公自动化的实际需求有机结合；本项目建设具有高度安全性、保密性和可靠性的系统；本项目要求系统具有支持移动办公的能力，具有便捷的场所切换功能，具有广泛的信息采集、方便管理的能力。本项目的实施可实现更加科学的规范化管理，树立良好的企业形象。

5.1.2　系统分析

1. 可行性分析

(1)技术可行性

基于浏览器的企业客户管理系统，关键技术在于网页的动态显示和管理，即从数据库中取得相应的客户信息数据,并收集用户输入数据,能够对客户的管理进行控制。本项目采用最新的 ASP. NET 与 SQL 技术开发,管理端和普通用户界面全部采用 B/S 模式构建,系统的部署、应用、维护更加方便。同时,大型数据库 SQL Server 2005 提供了数据库管理的能力,因此技术方案是成熟的和可行的。

(2)经济可行性

本软件开发周期一般为 6 ~ 8 个月,目前大多数 PC 机系统能够满足开发所需硬件软件设施,开发费用不高。目前,大多数单位都拥有高性能微机和局域网,该软件系统的安装、部署、运行和维护都不会给单位增加太多的费用。

(3)操作可行性

目前,大多数 PC 机和局域网能够运行该系统,该系统的安装、调试、运行不会改变原计算机系统的设置和网络的布局,大多数用户几乎不用做任何培训就能够方便地操作软件。

2. 系统用例分析

用例是需求分析中最重要的概念,通过用例图来描述系统行为对理解系统很有帮助。根据系统要求,可知该系统有三类角色也就是三种参与者:一是普通职员;二是经理;三是管理员。不同角色有不同的权限,根据角色的权限可以得到该系统的角色用例表。

(1)管理员角色用例如表 5.1 所示。

表 5.1　管理员角色描述

角色名称	管　理　员	
详细描述	系统管理员进行后台信息维护,有较高权限,应该是公司部门重要人员担当	
状态	内部用户	
继承性	子类	无
	父类	无
关联到用例	员工管理,部门管理,职位管理,公告管理,公文管理,帐号管理,员工状态管理,短消息管理,在线管理	

管理员角色用例主要有:员工管理,部门管理,公告管理,公文管理,交流管理,考勤管理,短消息管理,员工状态管理,规章制度管理。管理员角色的相对权限比较大,主要工作就是对历史信息的删除,激活用户帐号。员工状态管理就是员工的在职与离职管理,管理员可以增加部门、增加职位、增加员工,同时也可以删除修改部门和职位。管理员一般由公司领导授权担当,管理员角色用例图如图 5.1 所示。

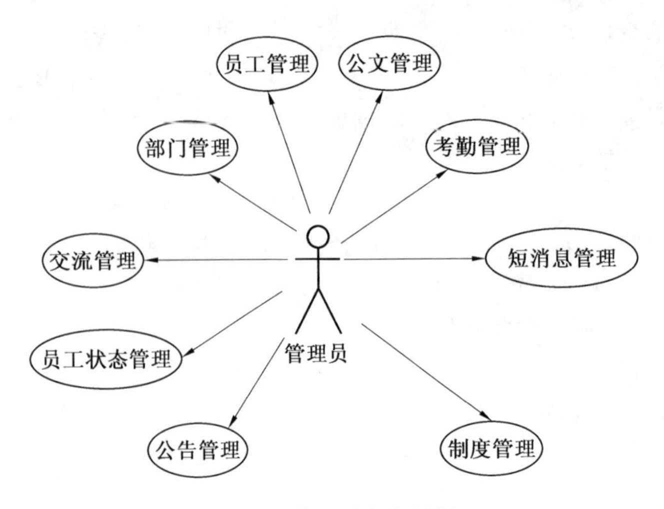

图 5.1 管理员角色用例

(2)职员角色用例如表 5.2 所示。

表 5.2 职员角色描述

<table>
<tr><td>角色名称</td><td colspan="2">公司职员</td></tr>
<tr><td>详细描述</td><td colspan="2">公司职员即公司的员工,各个部门的员工,可以进行日常办公操作</td></tr>
<tr><td>状态</td><td colspan="2">内部用户</td></tr>
<tr><td rowspan="2">继承性</td><td>子类</td><td>经理</td></tr>
<tr><td>父类</td><td>无</td></tr>
<tr><td>关联到用例</td><td colspan="2">公文管理,查看部门信息,查看职位信息,收发消息</td></tr>
</table>

职员角色用例主要有:公文管理,就是发送与接收公文,发送公文根据接收者的职员 ID 号进行一对一发送;查看部门信息;查看职位信息;收发消息,就是发送短消息,查看短消息,发送短消息可以根据其他职员的职员 ID 号发送给特定职员,目前短消息不支持群发。职员的权限在企业办公的自动化系统里是最小的,对各种信息只有查看权限,没有删除权限,职员角色用例图如图 5.2 所示。

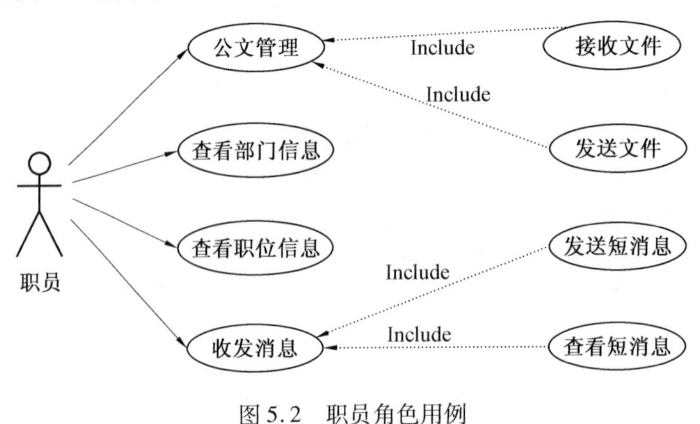

图 5.2 职员角色用例

3. 需求规定

(1)对功能的规定

用列表的方式(例如IPO表,即输入、处理、输出表的形式),逐项定量和定性地叙述对软件所提出的功能要求,说明输入什么量、经怎样的处理、得到什么输出,得到的IPO表如表5.3所示。

表5.3　IPO表

输　入	处　理	输　出
每个用户输入自己的用户名和密码(必要时,加入一定的验证码)	将用户输入的用户名和密码与数据库中的进行匹配。判断是否正确	如果是职工,进入职工办公自动化页面。如果是管理员,进入管理员自动化页面
用户输入要传送的文件	对文件进行传送	用户接受到了对方传送过来的文件
管理员输入公告	对公告进行存储	自动化页面显示公告
输入	处理	输出
用户输入新的密码和信息	对用户的密码和信息进行更新	数据库中的用户密码和信息以改变
管理员输入职工信息	对这些职工信息进行检索	显示出这些职工的具体信息

上面的只是一个基本的功能划分。本系统按照功能划分,可以分为以下子系统:

①用户登录系统;②系统桌面系统;③员工管理系统;④文件管理系统;⑤公告管理系统;⑥考勤管理系统;⑦系统管理系统。

上面的所有功能都是在基本功能实现的基础上的增值服务,可以在第一期工程取得良好的社会经济效应之后付诸实施。

其中用户登入系统需要采集的数据包括以下内容:

①用户名;②用户密码;③验证码。

公告管理系统需要采集的数据包括以下内容:

①公告的时间;②公告的标题;③公告的内容。

(2)对性能的规定

①精度:说明对该系统的输入、输出数据精度的要求,可能包括传输过程中的精度。

本系统的精度主要取决于那个时候的网络时延,如果那个时候的网络状态较好,那么用户对该系统的操作就可差不多与后台的数据库同步,不同地方的两台计算机同时访问该系统就会得到相同的数据。

②时间特性:说明对于该系统的时间特性要求,包括对数据的传送时间和数据处理时间的要求,本系统作为公司办公的自动化管理系统,要求传递时间和处理时间在0.1 s以内。

(3)数据管理能力要求

由于公司每年都会扩招一定数量的新员工,所以总人数每年都会有所增长。因此对系统软硬件升级是必须的,软件方面可以采用更大、效率更高的数据库,硬件方面可以采用更快的中央服务器。

本系统最终要能满足一个3万人以上的公司办公自动化管理系统的需求。

(4)故障处理要求

后台数据库处理:由于处理数据量很大,中央数据处理子系统有可能因为负荷过重而崩溃。首先可以通过提升其数据处理能力来减少这样的故障,但这样的故障不可避免,我们可以采用双机热备份的方式,两台处理子系统同时同步工作,其中一台用于处理数据,另一台进行备份操作,当处理数据的子系统崩溃之后,执行备份操作的子系统立刻接替其工作,通过维护人员迅速离线维修崩溃的子系统,或者通过日志文件进行恢复。

浏览器出错:用户应当重新安装浏览器,如果不能解决则需要重新安装系统。

4. 运行环境规定

(1)用户接口

为方便使用,软件系统的用户接口要求为图形用户接口。全部的系统功能要求以页面等形式出现在用户接口中,用户仅需简单地用鼠标点击表示某项系统功能模块的按钮、热点操作,就可方便地执行模块特定功能。

使用企业信息网站通过登录方式进入办公自动化系统进行办公处理,减少分类的级数,增加快速返回功能,框架如图5.3所示。

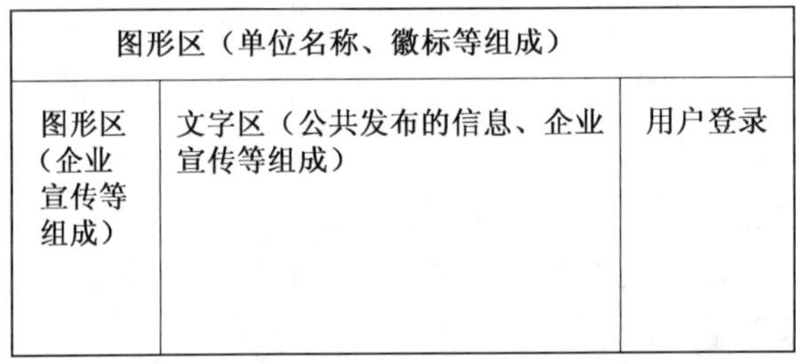

未登录、普通浏览界面结构

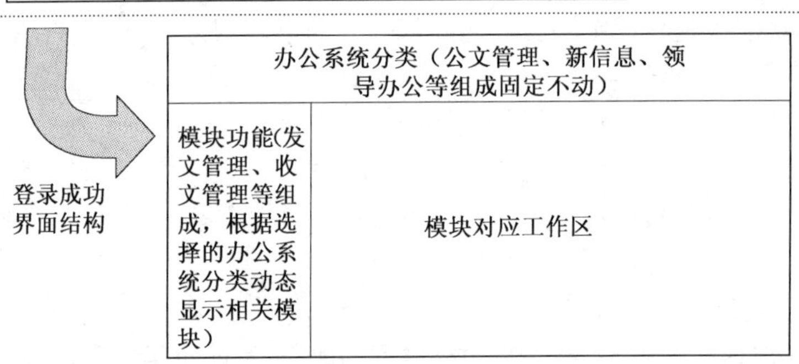

图5.3　办公自动化系统框架图

(2)硬件接口

本应用产品在B/S结构的环境中使用,所以应该提供一网络环境,网络传输协议为TCP/IP,在该环境的服务器上运行的是Windows 2003操作系统,客户端使用Windows XP操作系统。

系统主要提供电子邮件服务、办公信息的收集、存储、传输、加工处理和管理等功能。主要对系统中的信息量作以分析,从而设定系统的存储能力。

①电子邮件系统。根据颉特计算机科技公司的现状和以后发展规划,本项目按照满足10 000用户的容量。取普通用户、部门领导和公司级领导各占总用户数量的87%、11.5%和

1.5%，其邮箱容量分别为 50 MB、100 MB 和 150 MB，则需要 580 GB 的容量。由于各用户的邮箱空间不会同时满负载，按照 25% 的平均负载量计算，则实际需要有效存储容量为 140 GB。

②办公自动化系统。办公自动化系统的信息主要包括公文类、通用信息类和数据文件类 3 种。公文类信息，包括各种阅件、签报、公文、请示、领导批示、下发文件、上报材料等。参考院办、总工办、计划处、劳动人事处部门的调查表的统计结果，流经的公文类文件约 10 000 件/年，若按每文件包含的信息（其中应考虑文件分类及编号信息、文件格式信息、各种属性信息、领导批示信息、处理结果信息、流转程序信息等）平均为 2 000 KB 计算，则每年产生的基本信息量为 20 GB。考虑此类信息的 50% 额外存储开销、100% 的冗余安全存储，并按两年计算，则此类信息占用的存储空间实际约为 120 GB。

日常办公通用类信息，如机构设置情况、相关单位和人员通信录、交通信息、经济及市场信息、科技信息、国内外通信动态等。此类信息多而繁杂，且会经常增加和变更，信息量的大小难以测算，所以我们粗略地估算两年内的此类信息占用的存储空间约为 20 GB。

综上所述，建议 Windows NT 服务器要求配置以下的硬件和软件：

装有两个 Pentium 处理器的服务器

最小内存	2 GB
推荐内存	16 GB
最小磁盘空间	400 GB
推荐磁盘空间	800 GB
Microsoft Windows NT	支持的显示器（例如，EGA，VGA，mono VGA，SVGA，IBM（R）8514A，CGA，或 Hercules）

一个鼠标（可选，但推荐使用）

一个打印机（可选，但推荐使用）

工作站要求配置以下的硬件和软件：

装有 Pentium 处理器的 PC 机

下列 Microsoft Windows 操作系统之一：Microsoft Windows 2000/XP 中文版

最小内存：Microsoft Windows 2000/XP 中文版需 1 GB 内存

推荐内存：对 Microsoft Windows 2000/XP 中文版推荐 2 GB 内存

1 000 GB 最小磁盘空间

5 000 MB 推荐磁盘空间

Microsoft Windows 支持的显示器（例如，EGA，VGA，mono VGA，SVGA，IBM（R）8514A，CGA，或 Hercules）

一个鼠标（可选，但推荐使用）

一个打印机（可选，但推荐使用）

（3）软件接口

由于产品使用 SQL Server 2005、Exchange 2000 产品，需购买相关软件平台支持。与其他系统资料交换使用 SQL Server 数据库存储，提供资料表接口交换，资料存储为数据库记录。

项目管理接口采用地址链接方式，连入颉特计算机科技公司现有系统。办公系统用户与项目管理用户进行映像，在由办公自动化系统连入项目管理系统时，由程序解析当前用户与项目管理用户映像关系,使用解析后的用户名和口令(项目管理中的用户)登录项目管理系统,实现自动登录功能。

(4) 通信接口

网络传输协议为 TCP/IP 等协议。

5.1.3 系统设计

1. 设计思想

系统管理功能以“类”思想来组织开发,使用类组织代码有一些优点:它使得代码容易阅读和调试;可以将类轻松地移植到一个 Web 服务中;为其他开发人员提供一个抽象工具,从而节省时间和资金;同时在一个项目的开发阶段还保留了灵活性。当把通用过程组织到一个类的时候,创建一级抽象,允许在几乎所有代码中实现这些过程。创建类的另外一个优点是可以轻易地将这个类声明移植到 Web 服务中。因为这是很多开发人员的前进方向,可以通过使用类创建面向对象的代码。

事实证明,以“类”来组织开发的优点是非常高效的。因为在每个不同的实现中重复创建相同的代码效率相当低,而这种方法提供了一个抽象工具,使每个人将精力更多地集中在当前工作的功能上面,而不是花费时间开发已经开发过的代码上面。这种方式的优势在模块开发直至最后进行的系统整合中都得到了充分的体现。

系统管理开发的另一个重要思想就是“缓存”技术。缓存是将相对高速的存储设备作为相对低速的存储设备与系统之间 I/O 的缓冲区,它能大幅提高系统的性能。对于 Web 站点来说,缓存数据就是将用户每次访问站点时需要动态生成的信息预先生成并存储在内存中,以静态的形式送给访问者。缓存实现的手段是利用 ASP 中的 Application 对象,它能够保存整个应用的全局信息。数据只有第一次被读取时访问数据库,然后将之存储在 Application 对象中,以后每次都从缓存中读取,这样将会加快系统访问的速度,当然管理员也可以人为更新缓存。

2. 总体结构设计

现在的网络办公自动化系统可以说百家争鸣,但是一般的 B/S 结构系统都做得比较固定,也就是针对客户量身定做而开发,有诸多的限制和代码固化问题,不利于灵活的 OA 定制和客户化,而且很多 OA 系统都具有相同的功能,只是表现手法和操作流程有所不同。本文的基础思想是开发一个底层的通用型 OA 平台,在平台上实现 OA 系统的主要功能模块的底层操作。这样,当针对客户开发 OA 系统时,只需在此基础上稍加修改,就可以成为一套具有很强针对性的 OA 系统。基本 OA 系统的总体结构图如图 5.4 所示。

办公自动化管理系统前台功能结构图如图 5.5 所示,办公自动化管理系统后台功能结构图如图 5.6 所示。

此 OA 系统中涉及一些通用的模块,如员工管理模块、财务信息管理模块等。员工管理模块流程图如图 5.7 所示,财务信息管理模块如图 5.8 所示。

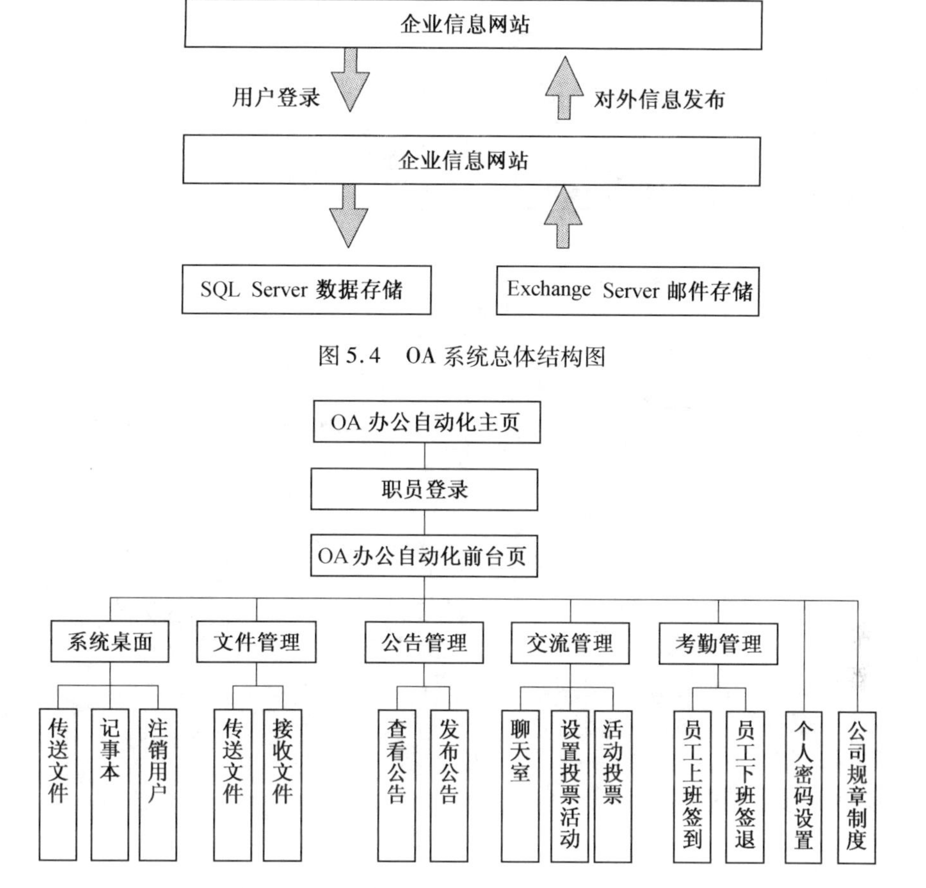

图 5.4　OA 系统总体结构图

图 5.5　办公自动化管理系统前台功能结构图

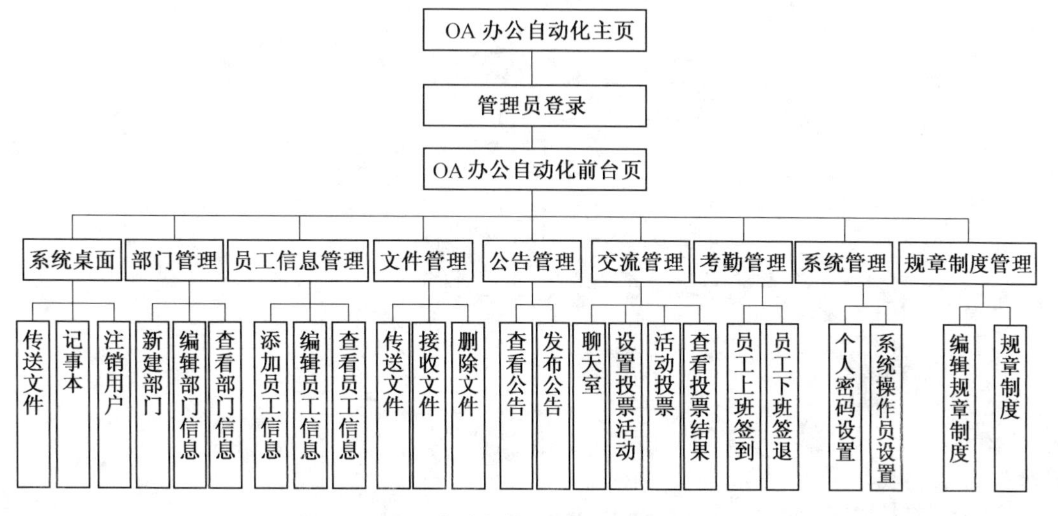

图 5.6　办公自动化管理系统后台功能结构图

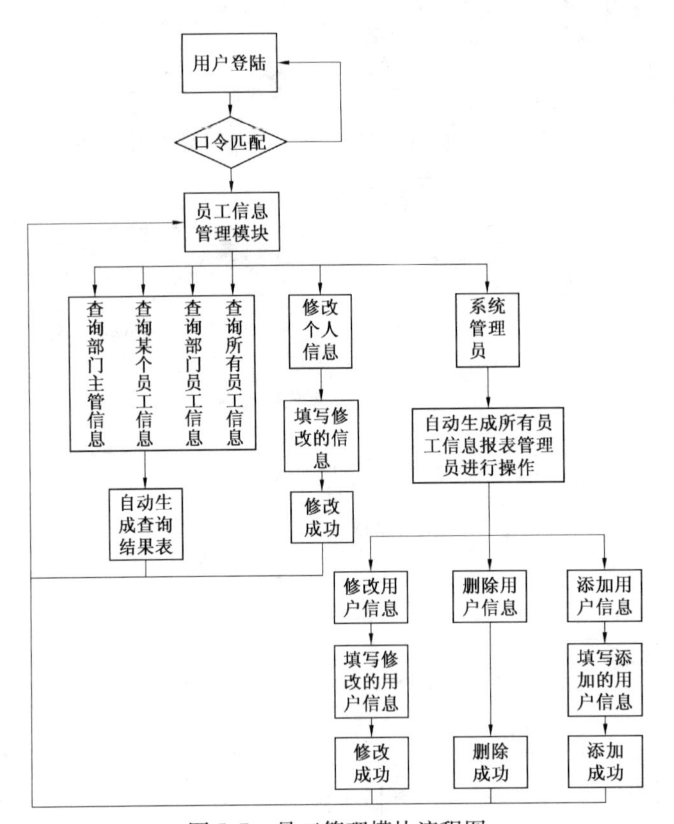

图 5.7 员工管理模块流程图

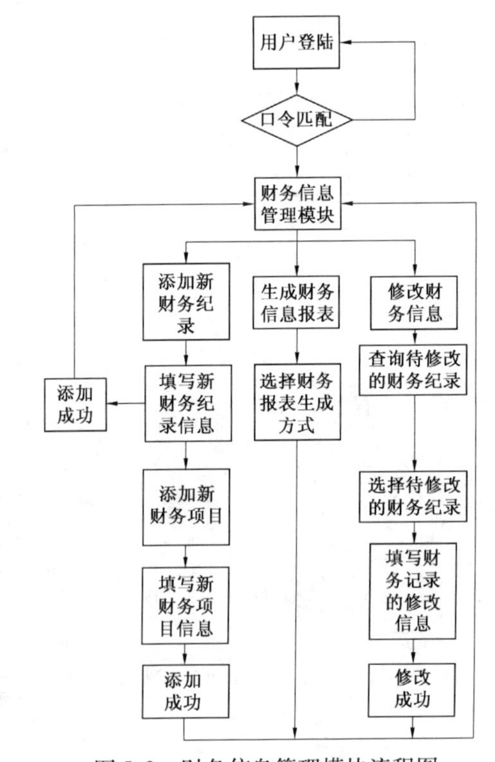

图 5.8 财务信息管理模块流程图

5.1.4　数据库设计

需要指出的是，这个设计步骤既是数据库设计的过程，也包括了数据库应用系统的设计过程。在设计过程中把数据库的设计和对数据库中数据处理的设计紧密结合起来，将这两个方面的需求分析、抽象、设计、实现在各个阶段同时进行，相互参照，相互补充，以完善两方面的设计。本数据库采用 powerdesigner 工具来建立标准的数据库模型。

员工信息管理 E-R 图如图 5.9 所示。

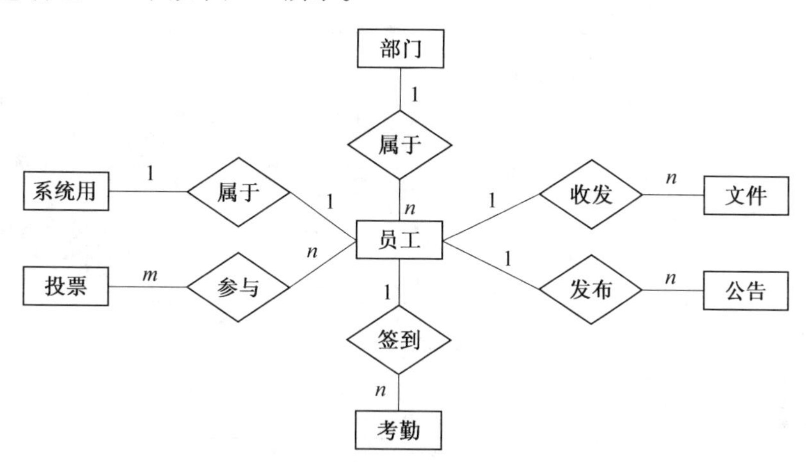

图 5.9　员工信息管理 E-R 图

财务信息管理 E-R 图如图 5.10 所示。

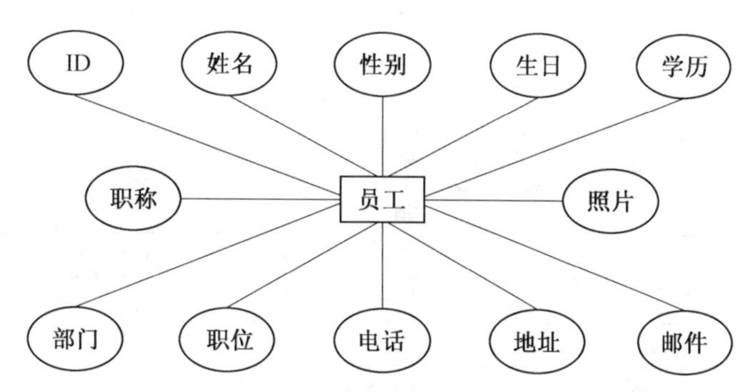

图 5.10　财务信息管理 E-R 图

此 OA 系统数据库涉及到的表包括部门信息表、员工信息表、文件信息表、公告信息表、系统用户信息表、投票信息表、签到信息表。

部门信息表 dept 的结构见表 5.4。

表 5.4　部门信息表的结构

字段名	数据类型	长　度	主键否	描　述
deptID	int	4(自动编号)	主键	部门 ID
deptName	varchar	30		部门名称
memo	varchar	50		部门描述

员工信息表 employee 的结构见表 5.5。

表 5.5 员工信息表的结构

字段名	数据类型	长 度	主键否	描 述
ID	int	4(自动编号)		ID
name	varchar	20	主键	姓名
sex	varchar	6		性别
birthday	datetime	8		生日
learn	varchar	20		学历
post	varchar	10		职称
dept	varchar	50		部门
job	varchar	50		职位
tel	varchar	20		电话
address	varchar	100		地址
email	varchar	50		电子邮件
state	varchar	20		在线状态
photoPath	text	16		相片图片路径

文件信息表 field 的结构见表 5.6。

表 5.6 文件信息表的结构

字段名	数据类型	长 度	主键否	描 述
fileID	int	4(自动编号)	主键	文件 ID
fileSender	varchar	20		文件传送人
fileAccepter	varchar	20		文件接收人
fileTitle	varchar	50		文件标题
fileTime	datetime	8		文件传送时间
fileContent	text	16		文件描述
path	varchar	100		文件路径
examine	varchar	10		接收状态
fileName	varchar	50		文件名称

公告信息表 notice 的结构见表 5.7。

表 5.7 公告信息表的结构

字段名	数据类型	长 度	主键否	描 述
noticeID	int	4(自动编号)	主键	公告 ID
noticeTitle	varchar	40		公告标题
noticeTime	datetime	8		公告时间
noticePerson	varchar	20		公告人
noticeContent	text	16		公告内容

系统用户信息表 sysUser 的结构见表5.8。

表5.8 系统用户信息表的结构

字段名	数据类型	长 度	主键否	描 述
userid	int	4(自动编号)	主键	ID
userName	varchar	20		用户名称
userPwd	varchar	20		用户密码
loginTime	datetime	8		登录时间
system	bit			是否系统管理员
sign	bit			在线标识

投票信息表 vote 的结构见表5.9。

表5.9 投票信息表的结构

字段名	数据类型	长 度	主键否	描 述
id	int	4(自动编号)	主键	ID
voteTitle	varchar	20		活动标题
voteContent	varchar	100		活动描述
voteQty	float			投票数量

签到信息表 sign 的结构见表5.10。

表5.10 签到信息表的结构

字段名	数据类型	长 度	主键否	描 述
signid	int	4(自动编号)	主键	ID
datetime	datetime	8		日期和时间
employeeName	varchar	20		员工姓名
late	bit			是否迟到
quit	bit			是否早退

办公自动化管理系统的实现过程由同学们自行完成。

5.2 高校科研工作量申报核算系统设计

5.2.1 绪论

1. 设计的目的和意义

高等学校是知识创新、知识传播、知识物化的重要基地。组织高校师生及科技人员开展科学研究,技术开发和社会服务工作,这是高校科研管理机构的中心工作。但是现在高校的科研工作中存在着许多的弊端,政策不配套、机制不完善使高校人才密集、学科齐全的优势没有真正得到发挥,高校科研个体化、小型化、分散化现象还相当严重,阻碍了高校科研事业的进一步发展,削弱了高校科研工作在科教兴国中应有的作用,高校科研工作量繁多,不易管理。

目前,高等学校的科研管理工作大部分处于传统的手工管理模式阶段,对科研工作的申报,核算需要花费大量的时间、人力、物力和财力。采用本系统后可以大大推动高校科研体制的建立,可以不断的提高高校综合科研能力和科研水平。

2. 高校科研工作量核算系统的提出

本系统主要面向科研处和科研秘书用于考核上报、分值计算和报表打印,系统管理员登录后可以维护上报数据与核算标准,解决了申报资料繁多、管理困难等难题,这一部分是该系统真正的使用意义所在。本系统制定了科研工作量核算标准,为用户提供科研工作量汇总表和科研工作量明细表,系统结构初步设计如图 5.11 所示。

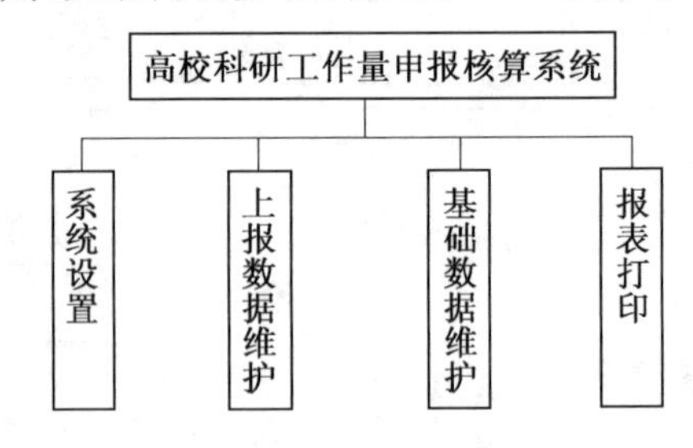

图 5.11 系统结构初步设计图

5.2.2 系统分析

1. 开发背景

当今时代是飞速发展的信息时代,在各行各业中离不开信息处理,这正是计算机被广泛应用于信息管理系统的环境。计算机的最大好处在于利用它能够进行信息管理。使用计算机进行信息控制,不仅提高了工作效率,而且大大地提高了其安全性。尤其对于复杂的信息管理,计算机能够充分发挥它的优越性。相比以往,科研人员对文章、文件处理的主要方式是基于文本、表格等纸介质的手工处理,对于科研人员的基本情况的记录往往采用手工的记录来进行,对科研信息的处理也是通过人工计算、统计、查询、手抄等来进行。数据信息处理工作量大,容易出错,而且由于数据繁多,容易丢失,且不易查找。总的来说,缺乏系统、规范的信息管理手段。尽管有的高校里有计算机,但是都是独自为政,尚未用于信息管理,没有发挥它的效力,资源闲置比较突出,数据处理用手工操作,工作量大,出错率高,出错后不易更改,尤其是对于高校科研这样的部门来说更是如此。高校科研采取手工方式对科研信息情况进行人工管理,由于信息比较多,所以就导致了高校科研管理工作混乱而又复杂。

本系统就是用计算机操作高校科研工作量的核算系统,是为高校或科研单位用户更好地维护各项科研管理业务而开发的管理软件。

2. 需求分析

本系统在设计过程中结合某大学科研工作量核算细则进行需求分析,应实现的主要功能包括以下内容。

(1)科研人员数据上报

科研人员数据上报主要实现对科研人员基本信息、课题信息、学术活动信息、教材著作信息、专利信息等各项的上报功能。

(2)核算规则维护

核算规则维护主要参照该大学科研工作量核算办法,根据申报人排名、参加人数等信息进行分值计算。

(3)报表打印

报表打印可以为科研工作者提供科研工作量的汇总表与明细表。

(4)系统日志管理

系统日志管理为系统管理人员提供日常系统运行状态监控信息,帮助系统管理员了解谁在什么时间什么地点通过本系统做了什么。

(5)权限管理

权限管理系统可以根据用户的不同分配权限,对相应用户进行权限限定。

5.2.3 系统设计

科研工作量核算系统用户分普通用户和特殊用户,普通用户可以对系统进行系统设置,改变系统的窗体样式并进行数据库设置,也可以进行上报数据维护和报表打印;特殊用户还可以进行基础数据维护,制定科研工作量的核算标准和用户日志管理等。系统结构图如图5.12所示。

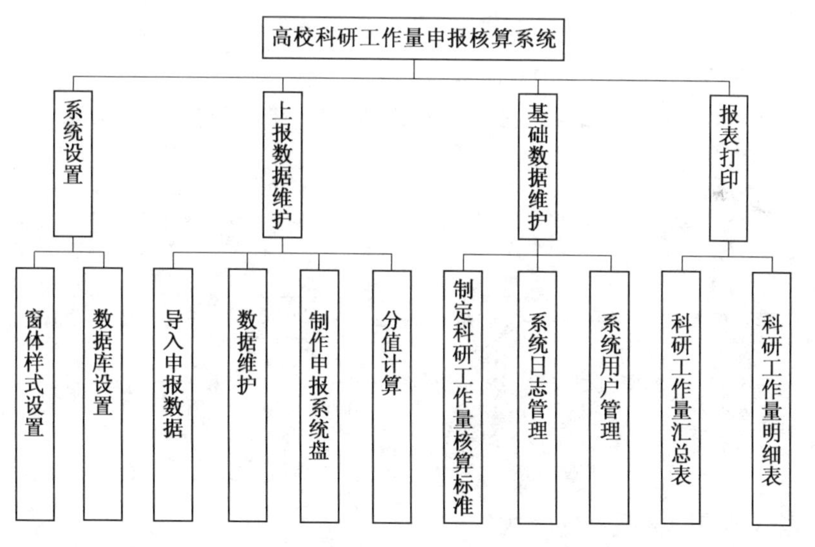

图5.12 科研工作量核算系统结构图

5.2.4 数据库设计

1. 数据库E-R图设计

高校科研工作量核算系统涉及的内容广泛,实体繁多,下面分别对各实体进行说明。

(1)申报人的课题信息

申报人的课题信息主要属性有课题名称、高校排名等,如图5.13所示。

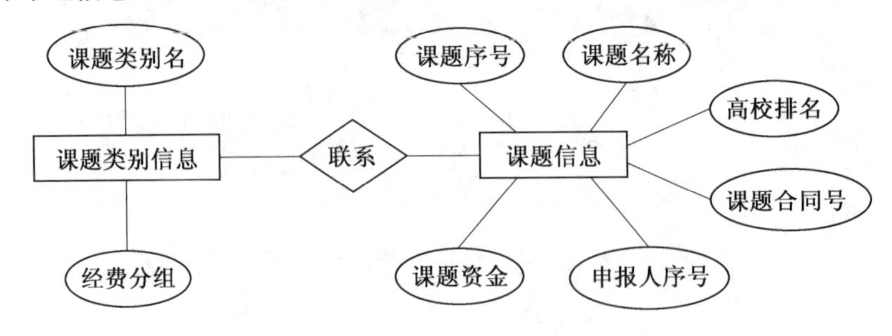

图5.13 申报人课题信息实体联系图

(2)申报人的专利信息

申报人的专利信息主要属性有专利号、专利名称、持有人数、专利得分等,如图5.14所示。

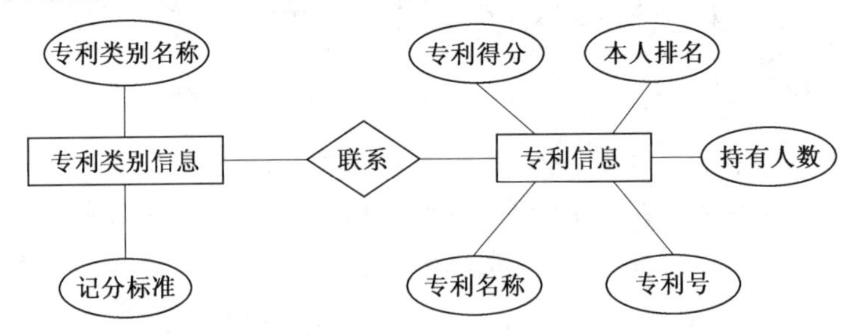

图5.14 专利实体联系图

(3)申报人参加的学术活动信息

申报人参加的学术活动信息属性主要有活动名称、举办单位、举办地点、活动得分等,如图5.15所示。

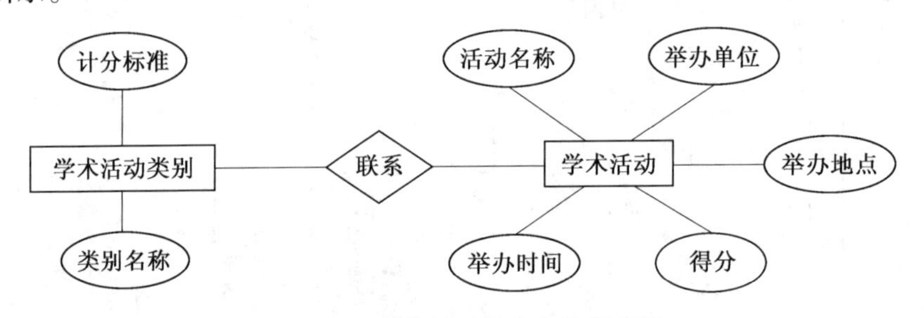

图5.15 学术活动信息实体联系图

(4)申报人撰写的著作教材信息

申报人撰写的著作教材信息属性主要有著作名称、参与人数、参加人员、著作得分等,如图5.16所示。

(5)申报人发表的科技论文信息

申报人发表的科技论文信息属性主要有论文名称、期刊名称、发表时间等,如图5.17所示。

(6)申报人的科技成果获奖信息

申报人的科技成果获奖信息属性主要有获奖名称、获奖名单、获奖人数、颁奖单位等,如图5.18所示。

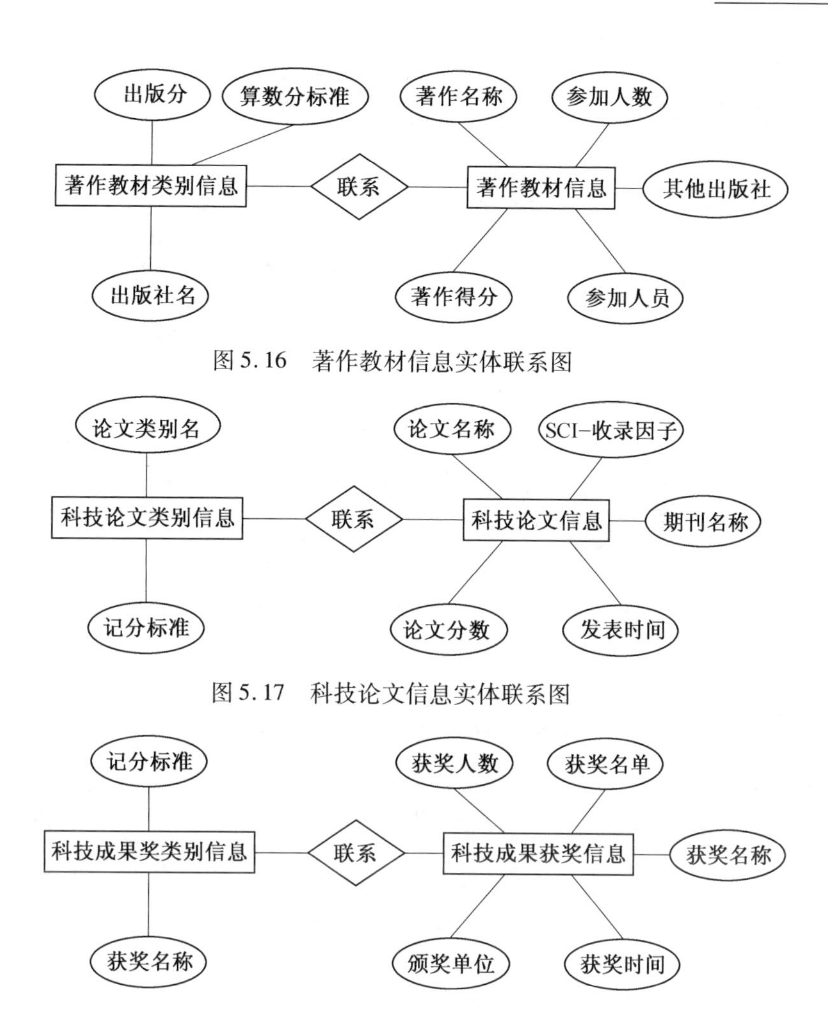

图 5.16　著作教材信息实体联系图

图 5.17　科技论文信息实体联系图

图 5.18　科技成果获奖信息实体联系图

(7) 申报人的基本信息

申报人的基本信息属性主要有申报人姓名、性别、序号、工作单位、身份证号码等，如图 5.19 所示。

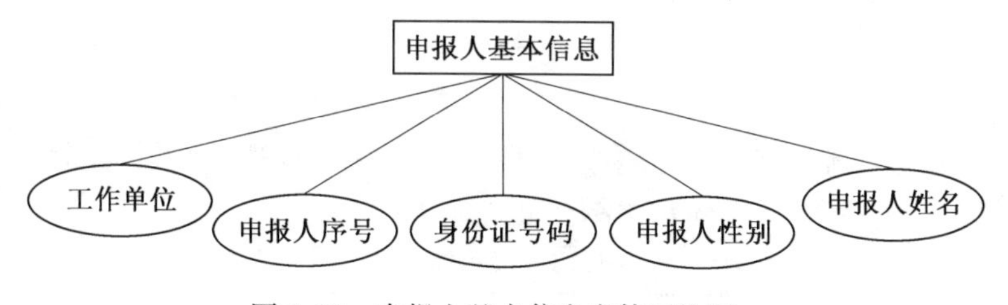

图 5.19　申报人基本信息实体属性图

结合上述各实体信息，可以生成本系统的总 E-R 图，如图 5.20 所示。

2. 数据库表设计

高校科研工作量核算系统所涉及的数据信息表主要包括申报人基本信息表、课题信息列表、系统日志列表、学术活动列表、专利信息列表、用户表、课题鉴定信息表、著作教材信息表、科技论文信息表和教学科研获奖信息表等几部分，下面分别对它们进行说明。

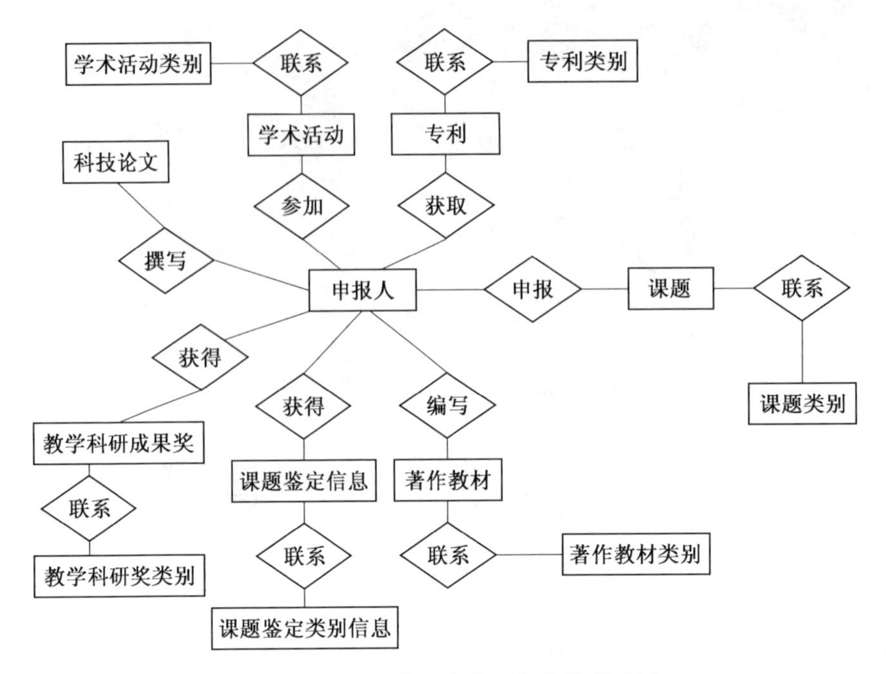

图 5.20 科研工作量核算系统实体联系图

(1)申报人基本信息表

申报人基本信息主要包括的字段为申报人序号,姓名,性别等,具体数据结构如表 5.11 所示。

表 5.11 申报人基本信息表

编 号	字段名	含 义	类型及长度
1	D-ID	申报人序号	int
2	D-NAME	申报人姓名	varchar(20)
3	D-SEX	申报人性别	varchar(20)
4	D-BIRTHDAY	申报人出生日期	datetime
5	D-CARD-ID	身份证号	varchar(18)
6	D-COMPANY	申报人工作单位	varchar(200)

(2)课题信息表

课题信息主要包括的字段为课题序号、课题名称、课题类别代码、合同号、高校排名、参加人数、课题主持人姓名等,具体数据结构如表 5.12 所示。

表 5.12 课题信息列表

编 号	字段名	含 义	类型及长度
1	P-ID	课题序号	int
2	PK-CODE	课题类别代码	varchar(20)
3	P-NAME	课题名称	varchar(200)
4	P-PACT-CODE	课题合同号	varchar(20)

续表 5.12

编　号	字段名	含　义	类型及长度
5	P-ORDER-OU	高校排名	int
6	P-TOTAL	参加人数	int
7	P-ORDER-ME	本人排名	int
8	P-LIST	参加课题人员	varchar(200)
9	P-MASTER	课题主持人姓名	varchar(20)
10	P-MASTER-ISIP	是否为重点岗位	int
11	P-MONEY	课题资金	decimal
12	P-USE-FOR-IP	用于计算重点岗位资金	decimal
13	P-SCORE	课题得分	decimal
14	P-MASTER-AGE	课题主持人年龄	Int
15	P-MASTER-FIRST	首次获得	Int
16	PK-NAME	课题类别名称	varchar
17	PK-POINT	经费分值	int

(3)用户表

用户信息主要包括的字段为用户名称、真实姓名、用户密码、用户权限、所在单位等,如表 5.13 所示。

表 5.13　用户表

编　号	字段名	含　义	类型及长度
1	USER-NAME	用户名称	varchar(8)
2	FULL-NAME	真实姓名	varchar(20)
3	PASSWD	用户密码	varchar(1000)
4	POWER	用户权限	varchar
5	D-COMPANY	所在单位	varchar(50)

(4)教学科研获奖信息列表

教学科研获奖信息主要包括的字段为获奖信息序号、获奖单位、获奖名称、本人排名、计分标准等,具体数据结构如表 5.14 所示。

表 5.14　教学科研获奖信息表

编　号	字段名	含　义	类型及长度
1	FHI-ID	获奖信息序号	int
2	FH-CODE	获奖代码	varchar(20)
3	FHI-NAME	获奖名称	varchar(200)

续表 5.14

编 号	字段名	含 义	类型及长度
4	FHI-SCORE	获奖得分	int
5	FHI-TOTAL	获奖人数	int
6	FHI-ORDER-ME	本人排名	int
7	FHI-LIST	获奖名单	varchar(200)
8	FHI-ORDER-OU	高校排名	varchar(200)
9	FH-POINT	计分标准分	int

(5)系统日志列表

系统日志主要包括的字段为编号、记录时间、操作人员、动作描述、类型代码、工作站地址、工作站名称等,具体数据结构如表 5.15 所示。

表 5.15　系统日志列表

编 号	字段名	含 义	类型及长度
1	ID	编号	int
2	LDATE	记录时间	datetime
3	UserName	操作人员	varchar(200)
4	DACT	动作描述	varchar(200)
5	TYPECODE	类型代码	int
6	IDADDR	工作站地址	varchar(200)
7	STATION	工作站名称	varchar(200)
8	MAC	工作站物理地址	varchar(200)

(6)学术活动列表

学术活动主要包括的字段为活动序号、学术活动类别代码、活动名称、报告题目、举办单位、举办地点、活动得分、记分标准等,具体数据结构如表 5.16 所示。

表 5.16　学术活动列表

编 号	字段名	含 义	类型及长度
1	DAI-ID	学术活动序号	int
2	SA-KING-CODE	学术活动类别代码	varchar(20)
3	SAI-NAME	学术活动名称	varchar(200)
4	SAI-REPORT	报告题目	varchar(200)
5	SAI-COMPANY	举办单位	varchar(200)
6	SAI-COUNTRY	举办国家	varchar(200)
7	SAI-PLACE	举办地点	varchar(200)
8	SAI-SCORE	活动得分	Decimal
9	SA-KING-POINT	记分标准	int

(7)课题鉴定信息表

课题鉴定信息主要包括的字段为鉴定序号、课题鉴定类别代码、鉴定名称、鉴定时间、承办单位、完成人数、本人排名、鉴定得分、完成人名单、高校排名、记分标准等,具体数据结构如表5.17所示。

表5.17 课题鉴定信息表

编 号	字段名	含 义	类型及长度
1	PAI-ID	鉴定序号	int
2	PA-KING-CODE	课题鉴定类别代码	varchar(20)
3	PAI-NAME	课题鉴定名称	varchar(200)
4	PAI-BY	鉴定承办单位	varchar(200)
5	PAI-TOTAL	完成人数	Int
6	PAI-ORDER-ME	本人排名	Int
7	PAI-LIST	完成人名单	varchar(200)
8	PAI-SCORE	鉴定得分	Int
9	PAI-ORDER=OU	高校排名	Int
10	PA-KING-POINT	记分标准	varchar
11	PA-TIME	鉴定时间	Int

(8)科技论文信息表

科技论文信息主要包括的字段为论文序号、论文类别代码、论文名称、SCI-收录因子等,具体数据结构如表5.18所示。

表5.18 科技论文信息表

编 号	字段名	含 义	类型及长度
1	TDI-ID	论文序号	int
2	TD-KING-CODE	论文类别代码	varchar(20)
3	TDI-NAME	论文名称	varchar(200)
4	TDI-SCI-POINT	SCI-收录因子	varchar(200)
5	TDI-PUB	期刊名称	varchar(20)
6	TDI-PUB-TIME	发表时间	Int
7	TDI-PUB-NO	期刊编号	Int
8	TDI-TOTAL	作者人数	Int
9	TDI-ORDER-ME	本人排名	Int
10	TDI-ORDER-OU	高校排名	Int
11	TDI-MASTER	课题主持人姓名	varchar(20)
12	TDI-MASTER-ISIP	是否为重点岗位	varchar(2)
13	TDI-SCORE	论文分数	Int
14	TDI-LIST	作者成员	varchar(200)
15	TD-POINT	计分标准	varchar

(9)著作教材信息表

著作教材信息主要包括的字段为著作序号、著作类别名称、著作名称,其他出版社、参加人数、参加人员、课题主持人姓名、是否为重点岗位、出版社名称、字数等,具体数据结构如表5.19所示。

表5.19　著作教材信息表

编　号	字段名	含　义	类型及长度
1	LI-ID	著作序号	int
2	LK-KING-CODE	著作类别代码	varchar(20)
3	LI-NAME	著作名称	varchar(200)
4	LI-O-PUB	其他出版社	varchar(200)
5	LI-WORD-COUNT	字数	Int
6	LI-TOTAL	参加人数	Int
7	LI-ORDER-ME	本人排名	int
8	LI-ORDER-OU	高校排名	Int
9	LI-MASTER	课题主持人姓名	varchar(200)
10	LI-MASTER-ISIP	是否为重点岗位	varchar(200)
11	LI-LIST	参加人员	varchar(200)
12	LI-SCORE	著作得分	Decimal
13	LK-PUB	出版社名称	varchar
14	LK-PUB-POINT	出版分	Int
15	LK-WORD-POINT	字数分标准	varchar

(10)专利信息列表

专利信息主要包括的字段为专利信息序号、类别代码、专利号码、专利名称、本人与高校排名、得分等,具体数据结构如表5.20所示:

表5.20　专利信息表

编　号	字段名	含　义	类型及长度
1	PI-ID	专利信息序号	int
2	PAK-KING-CODE	专利类别代码	varchar(20)
3	PI-CODE	专利号码	varchar(200)
4	PI-NAME	专利名称	varchar(200)
5	PI-TOTAL	持有人数	int
6	PI-ORDER-ME	本人排名	int
7	PI-ORDER-OU	高校排名	int
8	PI-LIST	持有人列表	varchar(200)
9	PI-SCORE	专利得分	int
10	PAK-POINT	计分标准	int

数据库物理设计及数据库实施、运行等过程省略。

5.3　基于Web的信息调查与反馈系统设计

5.3.1　绪论

1. 选题背景

在当今的时代,网络技术与计算机软件技术已经愈来愈广泛地应用到企业管理的各个方面。使用计算机管理系统不仅可以简化企业传统的管理模式,使企业管理人员能够方便地利用企业内部信息对员工档案、员工调查信息进行全面管理,更重要的是利用计算机的技术可以使企业管理规范化、制度化、数字化,可以提高管理水平、降低管理成本、减轻工作强度、提高工作效率,使企业以高效率运转。计算机技术在企业中的应用顺应了我国的国情,实现了企业要面向现代化,面向未来的指导思想,是企业管理走向现代化的有力武器。

目前很多公司对公司员工进行问卷调查的方式还停留在手工操作或使用一些繁琐的软件,既耗费人力、物力,又不科学规范,评卷也很费力,且复用效率低。现今的社会是一个讲究效率的社会,人们有很强的时间观念,尤其对企业,效率和信息的流通至关重要。因此有必要开发一个管理系统对此进行改进和完善。

2. 系统开发目的及意义

问卷调查有很广泛的应用,从幼儿园到研究生的学生测试试卷就是一种很典型的问卷调查,此类问卷调查是一种自填式问卷调查。随着个人电脑的普及以及信息高速公路的发展,很多技术正越来越向电子媒介方面演化。本系统将通过在线调查的方式利用数据库资源与技术等来实现快速的调查问卷的生成、收集和反馈,及时准确地提供反馈信息给管理阶层供其做出决策,同时也减轻了行政人员的工作负担,提高了工作效率。

目前许多企业并没有很完善的调查反馈系统,该系统的开发实现将代替以往的手工操作或繁琐的软件,填充市场空缺,辅助企业进行有效的管理。

3. 信息调查与反馈系统的提出

信息调查与反馈系统由博涵科技前锋有限公司内部需求提出,方便诸如客户反馈、培训反馈等活动的调查分析,其需求功能主要包括实施调查、基本报表、权限管理三大模块。其中实施调查模块通过对问题、模板、活动的创建与维护生成调查问卷并发送给被调查对象;基本报表模块完成对调查问卷的收集反馈情况进行统计,以报表的方式根据要求生成相应的反馈信息报表给相应负责人,权限管理模块完成维护用户的角色的功能。

5.3.2　系统分析

1. 需求分析

随着Internet的普及和在各个领域中的应用,信息资源更加丰富、交互性更强。而信息反馈系统的应用可以对各类信息进行动态分析,进而为系统及用户提出合理建议的机制。目前,在各大门户网站几乎均能见到基于Web的信息调查反馈系统,但往往都是简单的网上在线投票系统,实现的功能过于单一。

本系统拟采用当今前沿成熟的软件开发技术,实现基于Web的查询信息(如调查问卷等)的定制、调整、分发、回收、整理、分析及查询等功能,查询信息中问题、模板及活动可进行自动定制,并可根据用户要求自动生成面向用户及面向问题的结果报表反馈给用户。

截至目前,尚未在国内外各大门户网站上见到过有类似的结构复杂、功能强大的信息调查及反馈系统,但系统技术早已成熟。

通过本系统的应用,将在一定程度上改善当前网络信息反馈系统及传统纸质调查问卷等方式工作效率低、信息反馈即时性差、资源浪费严重等问题,加强传统信息调查反馈系统的功能,拓宽了传统基于 Web 的信息反馈系统的应用范围,使得基于 Web 的信息搜集和反馈更加方便快捷,适用范围也更加广泛。

根据需求,系统主要功能概括起来包括:

(1)实施调查:对问题、模板和活动的创建与维护生成调查问卷,并根据客户需求方式的不同发送调查问卷给被调查对象;

(2)基本报表:对活动的调查进行统计以及查看反馈信息分析及反馈详细信息;

(3)权限管理:对用户的角色进行维护和管理。

2. 系统目标

通过以上的功能分析,本系统拟在 Windows 平台上运用 Java 语言实现,后台数据库系统采用 Oracle 进行数据支持,系统的主要开发目标为:

(1)通过对问题、问题组和模板的维护与管理,实现对问题的重用性;

(2)选择模板、维护问题创建针对某一活动的调查问卷、实现通用性,易维护性;

(3)实时的触发活动发送调查问卷,符合国际化标准;

(4)对活动反馈信息进行详细的统计分析;

(5)对用户的角色进行管理和维护。

5.3.3 系统设计

1. 系统简介

该系统实现的模块主要有实施调查、基本报表和权限管理三大模块。

实施调查模块包括问题、模板和活动 3 个小模块,其中问题模块包括基本问题的创建、修改和删除以及查询问题、查看问题的相关模板。这些问题根据需要类别能组成问题组方便查询使用;模板模块包括模板的创建、修改和删除以及查询模板、查看模板的相关活动。模板是根据问题的类别组合在一起的问题组再根据需要组合成模板,更便于活动的查询使用;活动模块包括活动的创建、修改和删除,可以触发活动开始调查或者终止活动。

基本报表模块包括活动统计、基于问题的反馈详细信息、基于调查对象问题的反馈详细信息和基于问题的具体反馈详细信息,是指用户通过系统得到指定活动的活动报表、基于问题的反馈信息报表、基于调查对象的反馈信息报表和基于问题的具体反馈信息报表。

权限管理模块主要是完成对用户角色的维护与管理。

该系统采用标准的 3 层体系结构,即数据层、业务逻辑层和表示层。数据层用来管理应用程序使用的数据,这一层主要处理对数据库的操作。业务逻辑层用于应用程序根据业务规则对数据进行的各种操作。对从数据层获取的数据根据业务逻辑进行处理。表示层是用来与用户交互。他们之间相互依赖,数据层是应用程序的最底层,处理原始数据;业务逻辑在数据层之上,使数据根据业务规则进行流动和转换;表示层在业务逻辑层之上,实现应用程序与用户的交互,3 层体系结构表示如图 5.21 所示。

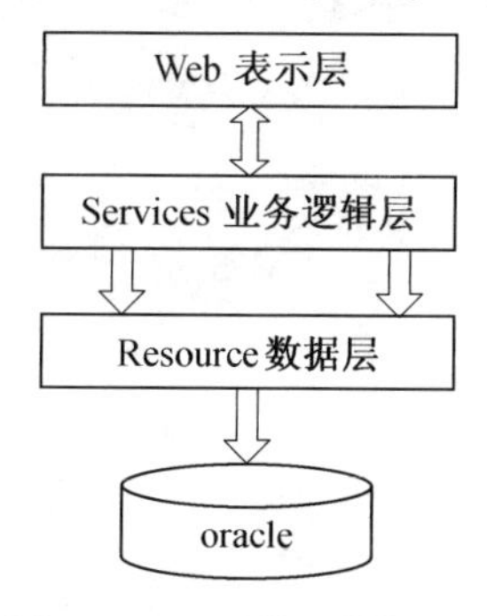

图 5.21　3 层体系结构图

2. 系统结构图

信息调查与反馈系统由实施调查、基本报表、权限管理模块构成,具体结构如图 5.22 所示。

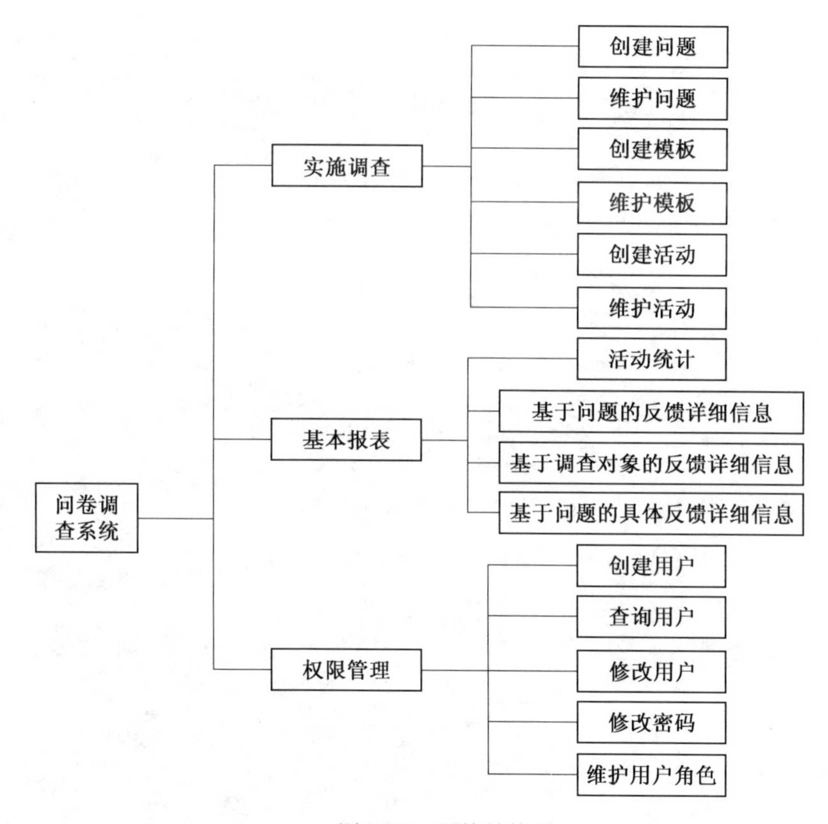

图 5.22　系统结构图

5.3.4　数据库设计

这一设计阶段是在需求分析的基础上,设计出能够满足用户需求的各种实体以及它们之间的联系,并根据概念设计得出的 E-R 图利用数据库来实现。

1. 数据库概念设计

由功能及需求分析可得到本系统中涉及到问题、模板、活动、调查对象、反馈信息和用户等实体,下面依次对实体进行说明。

(1)问题实体及属性如图 5.23 所示

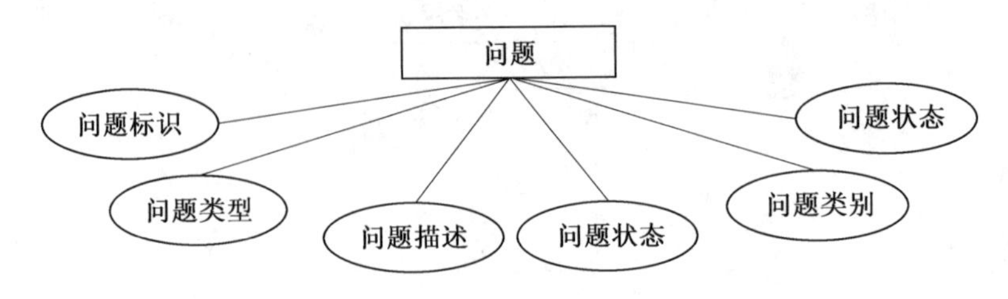

图 5.23　问题实体属性图

(2)模板实体及属性如图 5.24 所示

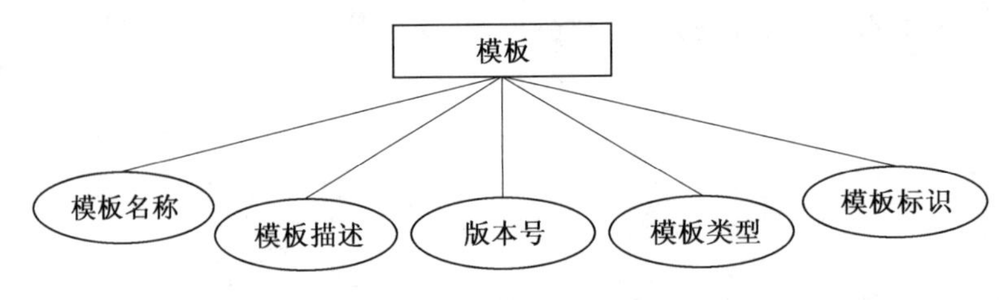

图 5.24　模板实体属性图

(3)活动实体及属性如图 5.25 所示

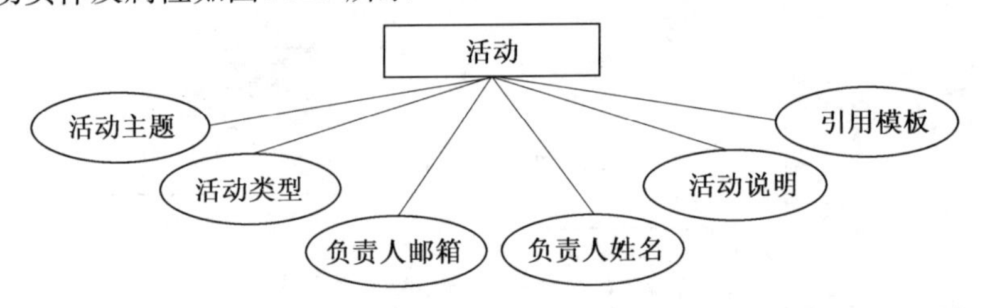

图 5.25　活动实体属性图

(4)调查对象实体及属性如图 5.26 所示

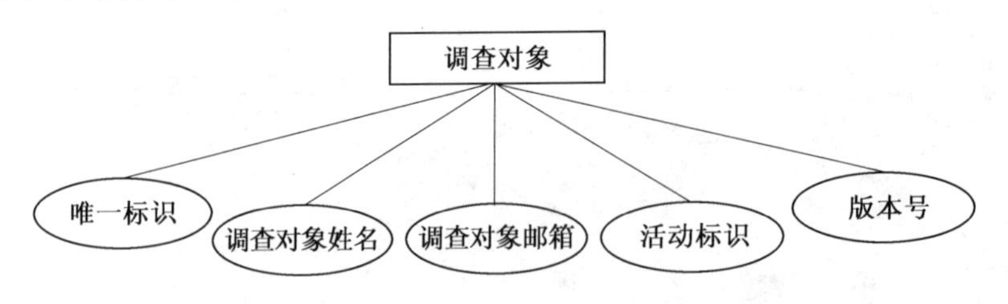

图 5.26　调查对象实体属性图

(5)反馈信息实体及属性如图 5.27 所示

(6)用户实体及属性如图 5.28 所示

系统中涉及的实体最终进行合并、整理后总合成系统的全局概念结构。全局概念结构

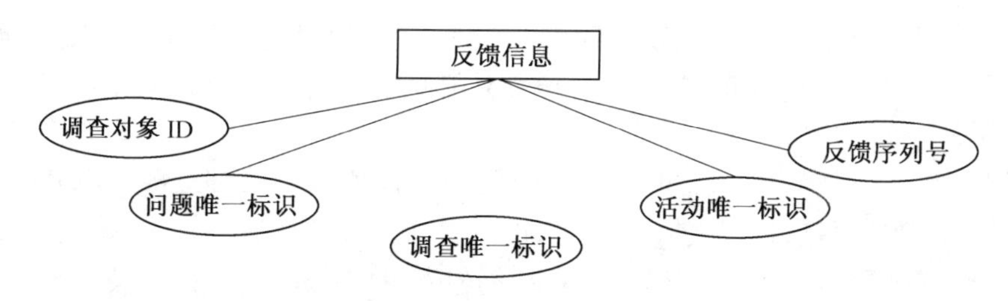

图 5.27　反馈信息实体属性图

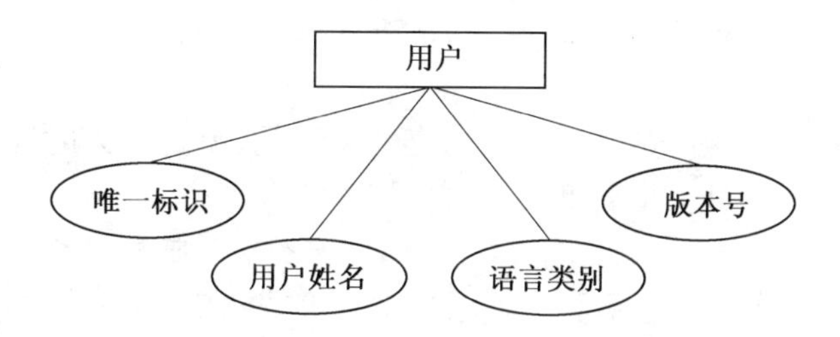

图 5.28　用户实体属性图

不仅要支持所有局部 E-R 模式,而且必须合理地表示一个完整、一致的数据库概念结构。

信息调查与反馈系统的全局 E-R 模型如图 5.29 所示。

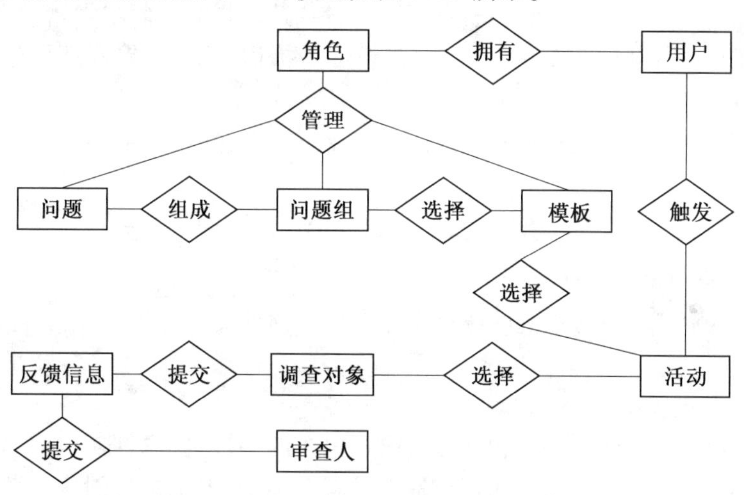

图 5.29　系统总体 E-R 图

2. 关系数据库逻辑设计

由于概念设计的结果是 E-R 图,是对给定的现实世界状态的第一层抽象(与计算机无关)。因此我们必须通过数据库的逻辑设计把 E-R 图转化为关系模式。

导出的主要关系模式说明如下:

问题(问题唯一标识,问题描述,问题类型,问题类别,问题状态,是否单选,是否设置分数,创建者 ID,创建日期,最后操作人 ID,最后事件时间,版本号)

模板(模板唯一标识,模板名称,模板类型,模板描述,创建者 ID,创建日期,最后操作人 ID,最后事件时间,版本号)

活动(活动唯一标识,活动主题,活动类型,活动说明,负责人姓名,负责人邮箱,是否使用唯一标识,唯一标识名称,反馈是否通知负责人,是否通过网址发布调查,是否通过邮箱发布调查,填完是否发给他人审查,标示活动所引用的模板、创建者 ID,创建日期,最后操作人 ID,最后事件时间,版本号)

选择问题(问题唯一标识,问题选项序号,问题选项描述,分数,是否需要填写原因,创建者 ID,创建日期,最后操作人 ID,最后事件时间,版本号)

问题组(问题组唯一标识,问题组描述,创建者 ID,创建日期,最后操作人,最后事件时间,版本号)

审查人(审查人唯一标识,审查人姓名,审查人邮箱,调查唯一标识,活动唯一标识,版本号)

调查(调查唯一标识,活动唯一标识,调查开始时间,调查结束时间,调查状态,创建者 ID,创建日期,最后操作人 ID,最后事件时间,版本号)

调查对象(调查对象唯一标识,调查对象姓名,调查对象邮箱,活动唯一标识,版本号)

反馈信息(调查对象 ID,问题唯一标识,单选或多选的反馈选项序号,主观题反馈答案,原因说明,唯一标识的值,调查唯一标识,活动唯一标识,最后事件时间,版本号)

登陆信息(用户名,密码)

用户信息(用户唯一标识,用户姓名,语言类别,时间戳,版本号)

用户角色信息(角色唯一标识,角色名称,角色描述,时间戳,版本号)

问题和问题组关系(问题唯一标识,问题组唯一标识,标示问题在问题组中的序号,时间戳,版本号)

问题组和模板关系(问题组唯一标识,模板唯一标识,标示问题组在模板中的序号,时间戳,版本号)

用户和角色关系(用户唯一标识,角色唯一标识,时间戳,版本号)

3. 数据库物理设计

根据关系模范化理论,对系统的逻辑设计进行了物理实现,系统中主要包括以下几个基本数据表。

(1)问题信息表(SURVEY_Q)

问题信息表用于存储问题有关的信息,主要包含的字段为问题唯一标识、问题描述、问题类型、问题类别、问题状态、是否单选、是否设置分数、创建者 ID、创建日期、最后操作人 ID、最后事件时间和版本号等,具体数据结构如表 5.21 所示。

表 5.21 问题表

编　号	列　名	类　型	描　述
1	Q_ID	numeric(10,0)	问题唯一标识
2	Q_DESC	varchar(300)	问题描述
3	Q_TY	varchar(20)	问题类型
4	Q_CL	varchar(1)	问题类别 有效值: C-选择题 S-主观题
5	Q_ST	varchar(1)	问题状态 有效值:M-必填 O-选填

续表 5.21

编 号	列 名	类 型	描 述
6	MONO_CH	varchar(1)	是否单选 有效值:Y-是 N-否
7	SCORE_ST	varchar(1)	是否设置分数 有效值:Y-是 N-否
8	CRT_ID	varchar(20)	创建者 ID
9	CRT_DT	date	创建日期
10	LST_ACTY_ID	varchar(20)	最后操作人 ID
11	LST_ACTY_DT	date	最后事件时间
12	VERSION_N	numeric(3,0)	版本号

(2)选择问题信息表(SURVEY_Q_OP)

选择问题信息表用于存储选择问题的选项的有关信息,主要包含的字段为问题唯一标识、问题选项序号、问题选项描述、分数、是否需要填写原因、创建者 ID、创建日期、最后操作人 ID、最后事件时间和版本号等,具体数据结构如表 5.22 所示。

表 5.22 选择问题信息表

编 号	列 名	类 型	描 述
1	Q_ID	numeric(10,0)	问题唯一标识
2	Q_OP_SN	numeric(3,0)	问题选项序号
3	Q_OP_DESC	varchar(300)	问题选项描述
4	SCORE_VAL	numeric(3,0)	分数
5	REASON_ST	varchar(1)	是否需要填写原因 有效值:Y-是 N-否
6	CRT_ID	varchar(20)	创建者 ID
7	CRT_DT	date	创建日期
8	LST_ACTY_ID	varchar(20)	最后操作人 ID
9	LST_ACTY_DT	date	最后事件时间
10	VERSION_N	numeric(3,0)	版本号

(3)问题组信息表(SURVEY_Q_GRP)

问题组信息表用于存储问题组有关的信息,主要包括的字段为问题组唯一标识、问题组描述、创建者 ID、创建日期、最后操作人、最后事件时间和版本号等,具体数据结构如表 5.23 所示。

表 5.23 问题组信息表

编 号	列 名	类 型	描 述
1	Q_GRP_ID	numeric(10,0)	问题组唯一标识
2	Q_GRP_DESC	varchar(300)	问题组描述

续表 5.23

编　号	列　名	类　型	描　述
3	CRT_ID	varchar(20)	创建者 ID
4	CRT_DT	date	创建日期
5	LST_ACTY_ID	varchar(20)	最后操作人 ID
6	LST_ACTY_DT	date	最后事件时间
7	VERSION_N	numeric(3,0)	版本号

(4)模板信息表(SURVEY_TEMP)

模板信息表用于存储模板有关的信息,主要包含的字段为模板唯一标识、模板名称、模板类型、模板描述、创建者 ID、创建日期、最后操作人 ID、最后事件时间和版本号等,具体数据结构如表 5.24 所示。

表 5.24　模板信息表

编　号	列　名	类　型	描　述
1	TEMP_ID	numeric(10,0)	模板唯一标识
2	TEMP_M	varchar(20)	模板名称
3	TEMP_TY	varchar(20)	模板类型
4	TEMP_DESC	varchar(300)	模板描述
5	CRT_ID	varchar(20)	创建者 ID
6	CRT_DT	date	创建日期
7	LST_ACTY_ID	varchar(20)	最后操作人 ID
8	LST_ACTY_DT	date	最后事件时间
9	VERSION_N	numeric(3,0)	版本号

(5)用户和角色关系信息表(SURVEY_USR_ROLE_RSP)

用户和角色关系信息表用于存储用户和角色之间的对应关系,主要包含的字段为用户唯一标识、角色唯一标识、时间戳和版本号等,具体数据结构如表 5.25 所示。

表 5.25　用户和角色关系信息表

编　号	列　名	类　型	描　述
1	USR_ID	numeric(10,0)	用户唯一标识
2	ROLE_ID	numeric(10,0)	角色唯一标识
3	TSTAMP	date	时间戳
4	VERSION_N	numeric(3,0)	版本号

(6)问题组和模板之间关系信息表(SURVEY_Q_GRP_TEMP_RSP)

问题组和模板之间关系信息表用于存储问题组和模板之间的对应关系,主要包含的字段为问题组唯一标识、模板唯一标识、标示问题组在模板中的序号、时间戳、版本号等,具体数据结构如表 5.26 所示。

表 5.26　问题组和模板之间关系信息表

编　号	列　名	类　型	描　述
1	Q_GRP_ID	numeric(10,0)	问题组唯一标识
2	TEMP_ID	numeric(10,0)	模板唯一标识
3	Q_GRP_SN	numeric(3,0)	标示问题组在模板中的序号
4	TSTAMP	date	时间戳
5	VERSION_N	numeric(3,0)	版本号

(7)反馈信息表(SURVEY_FEEDBACK)

反馈信息表用于存储反馈信息,主要包含的字段为调查对象 ID、问题唯一标识、单选或多选的反馈选项序号、主观题反馈答案、原因说明、唯一标识的值、调查唯一标识、活动唯一标识、最后事件时间和版本号等,具体数据结构如表 5.27 所示。

表 5.27　反馈信息表

编　号	列　名	类　型	描　述
1	OBJ_ID	numeric(10,0)	调查对象 ID
2	Q_ID	numeric(10,0)	问题唯一标识
3	Q_OP_SN	numeric(3,0)	单选或多选的反馈选项序号
4	Q_A	varchar(60)	主观题反馈答案
5	REASON	varchar(60)	原因说明
6	UNIQUE_VAL	varchar(20)	唯一标识的值
7	RES_ID	numeric(10,0)	调查唯一标识
8	ACTY_ID	numeric(10,0)	活动唯一标识
9	FEEDBACK_DT	date	最后事件时间
10	VERSION_N	numeric(3,0)	版本号

(8)活动信息表(ACTY_FEEDBACK)

活动信息表用于存储用户活动信息,主要包含的字段为活动唯一标识、活动主题、活动类型、活动说明、负责人姓名、负责人邮箱、是否使用唯一标识、唯一标识名称、反馈是否通知负责人、是否通过网址发布调查、是否通过邮箱发布调查、填完是否发给他人审查、标示活动所引用的模板、创建者 ID、创建日期、最后操作人 ID,最后事件时间、版本号等。活动信息表如表 5.28 所示。

表 5.28　活动信息表

编　号	列　名	类　型	描　述
1	ACTY_ID	numeric(10,0)	活动唯一标识
2	ACTY_ TOPICS	numeric(10,0)	活动主题
3	ACTY_ TYPE	numeric(3,0)	活动类型

续表 5.28

编　号	列　名	类　型	描　述
4	ACTY_CAPTION	varchar(60)	活动说明
5	NAME_OF_PIC	varchar(20)	负责人姓名
6	MAIL_OF_PIC	varchar(20)	负责人邮箱
7	UNIOUE_ID_ST	varchar(1)	是否使用唯一标识 有效值:Y-是 N-否
8	UNIOUE_ID	numeric(10,0)	唯一标识名称
9	NOTIFY_PIC_SN	varchar(1)	反馈是否通知负责人 有效值:Y-是 N-否
10	SR_WEB_SN	varchar(1)	是否通过网址发布调查 有效值:Y-是 N-否
11	SR_MAIL_SN	varchar(1)	是否通过邮箱发布调查 有效值:Y-是 N-否
12	REVIEW_SN	varchar(1)	填完是否发给他人审查 有效值:Y-是 N-否
13	TEMP_ID	numeric(10,0)	标示活动所引用的模板
14	CRT_ID	numeric(10,0)	创建者 ID
15	CRT_DT	numeric(10,0)	创建日期
16	LST_ACTY_ID	numeric(10,0)	最后操作人 ID
17	LST_ACTY_DT	date	最后事件时间
18	VERSION_N	numeric(3,0)	版本号

数据库物理设计及数据库实施、运行等过程省略。

5.4　在线人才招聘系统设计

5.4.1　绪论

互联网给求职招聘者提供了丰富的超媒体资源,为求职招聘者创造出了一种由他们自行控制的求职招聘环境,如果缺乏导航系统,就会使一些求职招聘者迷航,产生一种无所适从的感觉,从而降低求职招聘的效率,久而久之,会使求职招聘者的信心受到影响。对个人来讲,应用电子商务不仅能够超越时空地选购商品,方便主动地掌握商情,而且可以将自己的产品和杰作推向市场,从而提高其生存能力和生活质量;对企业而言,不仅开辟了新的市场,而且使其交易和服务更加简单、高效,使商务流程更加通畅和快捷。

1. 设计的目的和意义

该系统主要目的是减少参加招聘单位工作人员的工作量和招聘成本,减少进行求职的人员求职时参加招聘会投递简历所耗费的时间和精力,使求职和招聘的过程通过互联网完成,从而实现招聘时双向选择的自动化。网络求职有其突出的优点,即信息量大,资源丰富,更新速度快，招聘职位多等，很符合年轻人希望以最快捷、便利的方式获得最多最有效信息的求职要求。本系统就是一个模拟网上求职招聘的系统，具备现实中人才中介机构的功能。可以为个人用户提供需要的求职与招聘信息，也可以为单位用户提供需要的人才信息，可以说是两者互动的一个重要渠道。

2. 在线人才招聘系统的提出

一个完整的在线人才招聘系统既要有高度的可靠性又要有安全的可靠保密性，它既要灵活简便，操作简单易行，用户界面简单友好，同时又应具有一定的美观性，不繁琐，使用户能够不经过任何培训和指导的情况下轻松使用本系统。

系统应具有对于用户个人以及企业信息的管理功能，一些公共服务信息管理和系统管理。系统结构初步设计如图 5.30 所示。

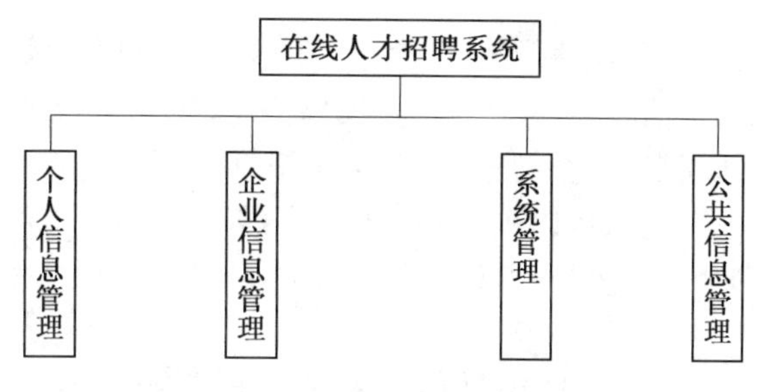

图 5.30　系统结构初步设计图

5.4.2　系统分析

1. 开发背景

网络技术以及现代 Web 技术的发展，国家政策的扶持等给网络求职带来了良好的发展契机。作为一种新兴的求职形式，网络求职还处在发展初期，制约网络求职发展的主要因素是网络求职信息的发布以及求职招聘支持系统的建设。网络最重要的特点是可以跨越时空的限制。在设施上达到网络技术的要求越来越不是一件困难的事情，这为网络求职的扩张创造了极为便利的条件。从目前的情况来看，网络求职已经扩展到全国 31 个省、自治区、直辖市，并正逐步把覆盖范围扩大到市和县。

网络求职即基于 Web 的求职招聘，是利用包含 WWW 各种特性和资源的超媒体求职招聘程序来创造一种有意义的求职招聘环境，在这种求职招聘环境中求职招聘得到促进和支持。随着 Internet 的普及，互联网以一股巨大变革力量的面貌出现在商务关系领域，其强大的功能已为人们深刻认识，它已进入人类社会的各个领域并发挥着越来越重要的作用。由此看来网络求职在中国正在不断的发展，并得到了国家的有利支持，相信它的前景是光明的。

求职网站是实现人才资源分配的桥梁。网络有巨大的人才需求资源库，它使每一位求职者或招聘者都能均等地得到宣传的机会。本系统是为企业或求职用户信息管理及互相选择而开发的管理软件。

2. 需求分析

(1)系统角色介绍

首先根据使用该系统的用户角色不同分为 3 种不同用户：

系统管理员:负责管理网站上的各种信息,包括发布新闻,管理新闻和查看删除所有的个人用户和企业用户。

个人用户:在线填写个人基本情况、发布求职信息、浏览新闻、查看招聘和求职信息,在线向自己满意的公司提交简历,在个人收藏夹里查看自己提交简历到哪几个公司。

企业用户:在线填写企业基本情况,发布企业招聘信息,浏览新闻,查看求职和招聘信息,在线查看和管理个人用户提交的简历。根据简历提取符合本公司人员的联系方式。

(2)用户工作流程

用户登录后,按照用户所选择的登录类型,进入不同的用户界面,个人用户登录之后,可以查看企业用户发布的招聘信息,如果有满意的工作就可以向该公司发布用户简历,企业用户如果对该用户满意就可以通过 email 或者电话和该用户进行沟通,进而完成招聘。

(3)用户业务需求

该系统必须能够实现会员注册、简历更新、求职申请、求职意向管理等基本功能;对于企业用户来说,还要具备招聘信息发布、英才信息浏览和求职人员管理的功能;对于系统管理员用户来说,应该具备新闻发布、新闻管理、个人用户管理以及企业用户管理的功能;除了以上几点外,对于所有用户还应该可以进行新闻信息浏览、职位查询等功能;对于人才招聘系统来说保证用户信息安全至关重要,所以对用户密码要使用 md5 加密解密技术。

(4)功能需求

本系统采用自顶向下方法开发,其功能主要有如下几个部分:个人会员信息管理、企业会员信息管理管理、系统管理、公共信息管理。

个人会员信息管理模块:个人用户注册登录后,可以进行简历的填写或更新,然后查看企业发布的招聘信息,如果对哪个公司有兴趣,可以在线提交简历,与此同时,会对投递过简历的公司进行记录。

企业会员信息管理模块:企业用户注册登录后,可以完善企业信息,然后发布招聘信息,并且可以查看投递过简历的应聘人员信息,如果对该人员满意,可以发 E-mail 或者电话通知该用户。

系统管理模块:该模块也就是后台模块,登录该模块只能是系统管理员用户,系统管理员登录系统后,可以发布新闻,对已发布新闻进行删除的管理,并且可以管理个人用户和企业用户的信息,对诚信度不高的的人员进行删除。

公共信息管理模块:该模块是任何登录人员都可以进行操作的功能,主要包括新闻信息浏览,英才信息浏览和相应的查询功能。

5.4.3 系统设计

1. 系统结构图

在线人才招聘系统用户分个人用户和企业用户,个人用户可以对自身的简历进行更新,并提交求职申请,同时可以管理求职意向信息;企业用户则可以发布招聘信息,对求职人员信息进行了解和掌握,并管理企业自身信息。系统还有一些公共信息需要进行管理。系统结构图如图 5.31 所示。

2. 数据库 E-R 图

在线人才招聘系统涉及的内容广泛,实体繁多,下面分别对各实体进行说明。

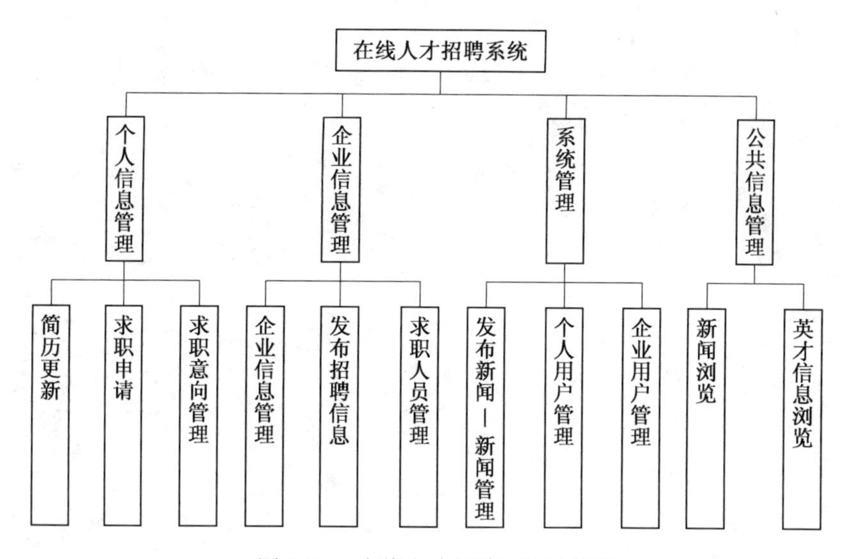

图 5.31　在线人才招聘系统结构图

(1)新闻信息

新闻信息保存了该网站上所有新闻,包括新闻标题、来源、发布时间、主要内容等,如图 5.32 所示。

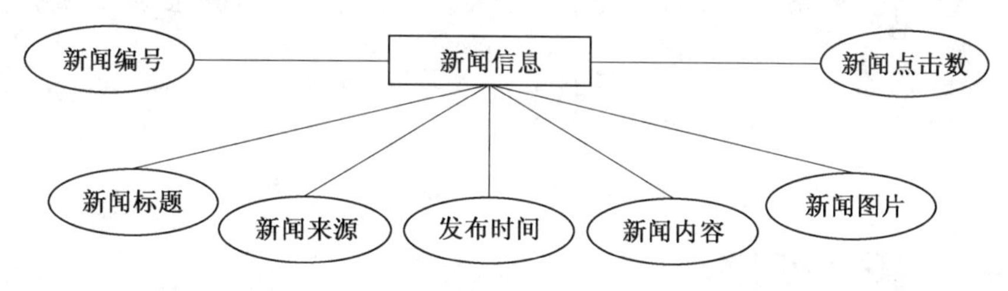

图 5.32　新闻信息实体图

(2)个人用户发布个人简历信息

个人用户发布个人简历信息包括用户名、密码、邮箱,简历内容包括工作经验、工作城市、工作类型、职位、期望工资、教育程度等内容信息,如图 5.33 所示。

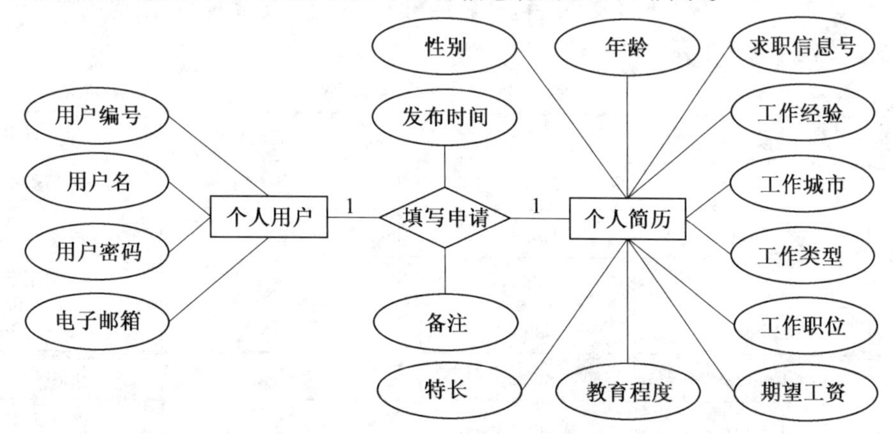

图 5.33　个人用户与简历信息实体联系图

(3)企业用户发布招聘信息

企业用户发布招聘信息包括企业用户名、密码、电子邮箱及招聘信息包括公司名称、公司类型、电话、地址、工作职位、招收人数、工作描述、工作要求等内容信息,如图5.34所示。

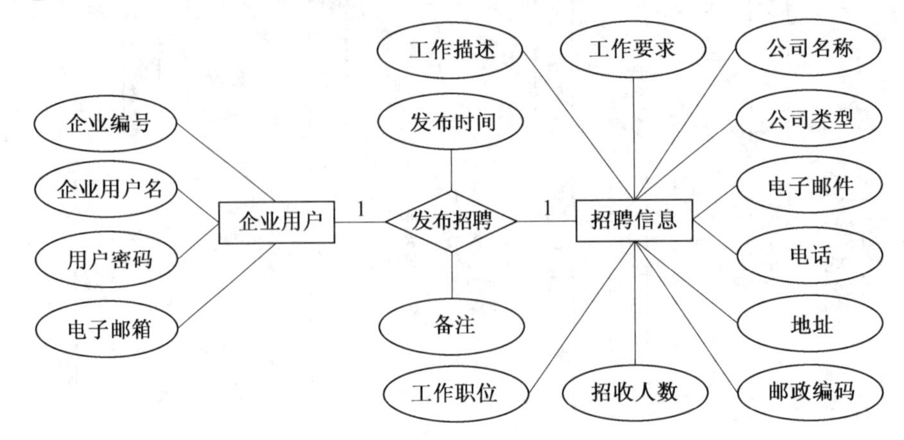

图5.34 企业用户与招聘信息实体联系图

(4)在线申请信息

在线申请信息包括申请人的ID、名称,以便企业用户可以通过申请表中的personID查看到申请人的个人简历。它实际上提供了个人和企业的交互通道,如图5.35所示。

图5.35 在线申请信息实体联系图

5.4.4 数据库设计

整个系统信息使用一个库帐号来创建,该数据库的信息包括6个数据库表:news(新闻信息表),person(个人用户表),company(企业用户表),getJobInfo(个人简历表),giveJobInfo(招聘信息表),resume(在线申请表),下面分别对它们进行说明。

(1)信息表保存系统上所有新闻,包括新闻标题、来源、发布时间、主要内容等,主键Id,具体的描述如表5.29所示。

表5.29 表news的结构

编 号	字段名称	数据结构	必填字段	说 明
1	Id	int	是(主键)	新闻编号
2	Title	varchar(100)	否	新闻标题
3	Source	varchar(30)	否	新闻来源
4	publicDate	datetime	否	发布时间
5	Content	text	否	新闻内容
6	Picture	image	否	新闻图片
7	hits	int	否	新闻点击次数

(2)个人用户表保存了所有个人用户的用户名、密码、E-mail 等基本用户信息,如表 5.30 所示。

表 5.30　表 person 的结构

编　号	字段名称	数据结构	必填字段	说　明
1	personID	int	是(主键)	个人用户编号
2	Name	varchar(50)	是(外键)	用户名
3	Password	varchar(50)	否	用户密码
4	email	varchar(50)	否	电子邮箱

(3)企业用户表保存了所有企业用户的用户名、密码和 Email 等基本用户信息,如表 5.31 所示。

表 5.31　表 company 的结构

编　号	字段名称	数据结构	必填字段	说　明
1	companyID	int	是(主键和外键)	企业用户编号
2	Name	varchar(50)	否	企业用户名
3	Password	varchar(50)	否	用户密码
4	email	varchar(50)	否	电子邮箱

(4)个人简历表保存了用户的个人基本信息如姓名、性别等,还有与求职相关的各种信息,如工作经验、所求职位等。它通过外键 personID 与表 person 相关联,与表 person 是一对一的关系,也就是一个人只能登录一份简历。表的具体内容如表 5.32 所示。

表 5.32　表 getJobInfo 的结构

编　号	字段名称	数据结构	必填字段	说　明
1	getJobInfo	int	是(主键)	求职信息编号
2	personID	int	是(外键)	个人用户编号
3	name	varchar(50)	否	用户名
4	Sex	varchar(2)	否	性别
5	Email	varchar(50)	否	电子邮件
6	Phone	varchar(20)	否	电话
7	address	varchar(50)	否	地址
8	addrNum	varchar(10)	否	邮政编码
9	Education	varchar(50)	否	教育程度
10	Strong	text	否	特长
11	Experience	text	否	工作经验
12	Introduction	text	否	自我介绍

续表 5.32

编　号	字段名称	数据结构	必填字段	说　明
13	Type	varchar(50)	否	工作类型
14	workPosition	varchar(50)	否	工作职位
15	workCity	varchar(50)	否	工作城市
16	Wage	varchar(10)	否	期望工资
17	Other	text	否	备注
18	pulicTime	datetime	否	发布时间
19	lookTimes	Int	否	点击次数

(5)表 giveJobInfo 保存了企业发布招聘信息，包括工作要求、工作地点、招聘人数等信息，它通过外键与 company 表相连，一个企业用户与一条招聘信息表相连，但是在里面可以发布不同的招聘职位和相关要求。表的具体结构如表 5.33 所示。

表 5.33　表 giveJobInfo 的结构

编　号	字段名称	数据结构	必填字段	说　明
1	giveJobInfo	int	是(主键)	招聘信息编号
2	companyID	int	是(外键)	企业用户编号
3	companyName	varchar(10)	否	公司名称
4	vocation	varchar(5)	否	公司类型
5	Email	varchar(50)	否	电子邮件
6	Phone	varchar(20)	否	电话
7	address	varchar(50)	否	地址
8	addrNum	varchar(10)	否	邮政编码
9	Workposition	varchar(50)	否	工作职位
10	giveNum	int	否	招收人数
11	workCity	varchar(50)	否	工作城市
12	descripe	text	否	工作描述
13	request	text	否	工作要求
14	pulicTime	datetime	否	发布时间
15	lookTimes	Int	否	点击次数

(6)在线申请表包括申请人的 ID、名称，以便企业用户可以通过申请表中的 personID 查看到申请人的个人简历。它通过外键 personID 和外键 companyID 分别与表 person 和表 company 联系。它实际上提供了个人和企业的交互通道，具体内容如表 5.34 所示。

表 5.34　表 resume 的结构

编　号	字段名称	数据结构	必填字段	说　明
1	resumeID	int	是(主键)	提交简历编号
2	personID	int	是(外键)	个人用户编号
3	companyID	int	是(外键)	企业用户编号
4	personName	varchar(50)	否	个人姓名
5	companyName	varchar(50)	否	企业名称
6	CWorkPosion	varchar(50)	否	招聘单位
7	PWorkPosion	varchar(50)	否	应聘职位

结合上述各实体信息,得到本系统的数据表关系图,如图 5.36 所示。

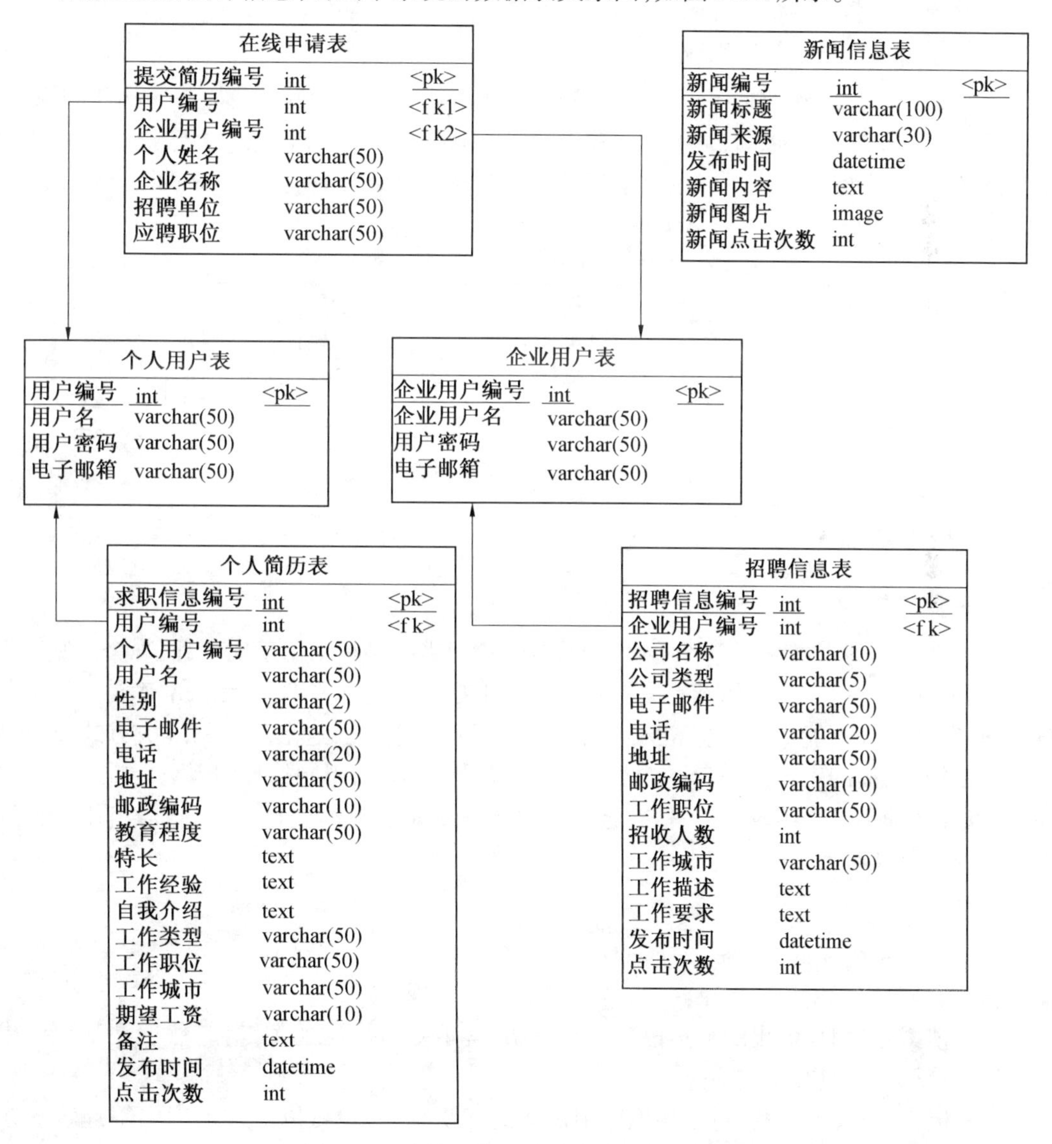

图 5.36　在线人才招聘系统数据库表关系图

数据库物理设计及数据库实施、运行等过程省略。

5.5 数据库课程自动答疑系统设计

5.5.1 绪论

1. 目的和意义

对于网上学习,由于教师和学生在地理位置上的分离,没有了教师面对面的解释和演绎,学习者必须进行自主学习。它要求学习者从听众变成索求者,进行深入的思考,但到了百思不得其解时,及时的答疑和帮助则成了必不可少的内容。这就要求网上教学系统能够及时解答学生的疑难问题,消除学生的学习障碍。

2. 数据库课程自动答疑系统的提出

本系统用于学生和教师课程信息的发布,自动答疑,学生与教师互动答疑,构建知识库,以及系统管理员对留言板的整理,知识库的更新等问题,其中知识库的构建、维护与检索是本系统的核心,同时利用标签云的权值反映知识的热度,系统结构初步设计如图 5.37 所示。

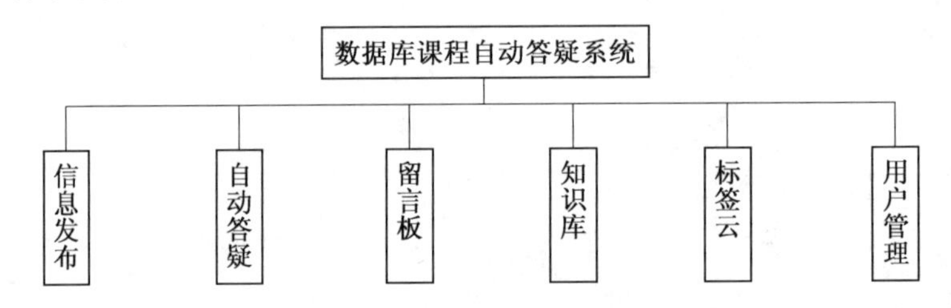

图 5.37 系统结构初步设计图

5.5.2 系统分析

1. 开发背景

为了解决学习者在学习过程中遇到的问题,学习者就必须求助于他人,而现今互联网发达,很多问题都可以在网上找到答案。然而在网上搜寻问题的答案时,无法准确得到所需信息,并且有些解释不能做到系统、准确,也影响学习者的学习。这个问题的解决方式就是建立答疑系统,让提问者与回答者以交互方式进行沟通。但是,不同的提问者可能提出相同的问题,以及老师不可能实时进行答疑,这样就要求答疑系统能够进行自动答疑,将系统中存在问题的解释及时反馈给提问者。

2. 需求分析

自动答疑系统根据用户需求应该具有如下功能。

用户管理:用于用户的登录注册,对用户权限的管理。

全文搜索:对用户提出的自然语言进行分析,提取数据库中的关键词,然后在知识库中检索问题,反馈给用户。

留言板:用于人工答疑,对于知识库中没有的知识提问,也可以对知识库中不理解的知识点与教师进行交互。

标签云:根据知识库中关键词的检索热度给出一种标签显示的模式。

知识库:用于对知识库的构建,维护等。

5.5.3　系统设计

1. 系统结构图

系统结构图如图 5.38 所示。

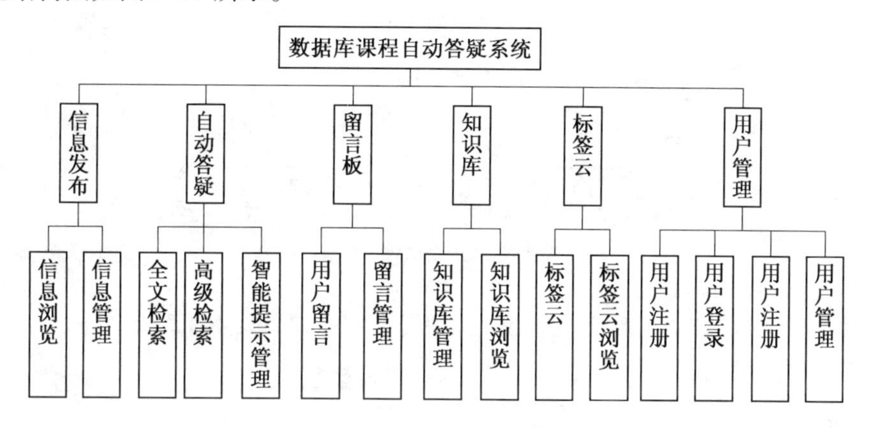

图 5.38　系统结构图

2. 数据库 E-R 图

数据库课程自动答疑系统涉及人工答疑与系统答疑等内容,下面对各实体进行说明。

(1)留言板的信息

留言板的信息主要属性有留言标题、留言内容等,如图 5.39 所示。

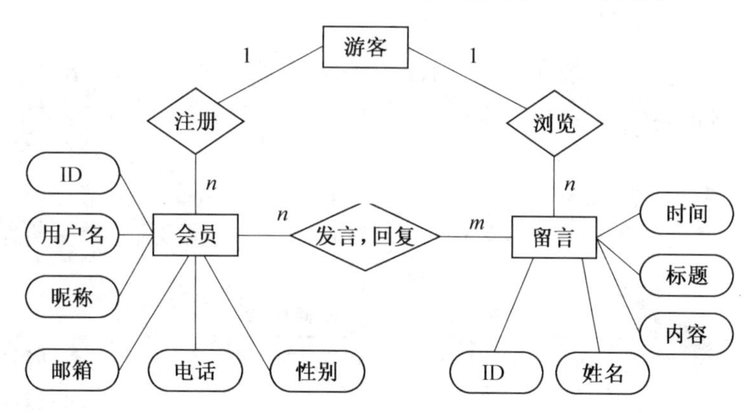

图 5.39　留言板信息实体关系图

(2)检索提示信息

检索提示信息主要属性有提示信息序号、提示内容等,如图 5.40 所示。

(3)公告信息

公告信息主要属性有公告标题、公告内容等,如图 5.41 所示。

(4)知识库信息

知识库信息主要属性有知识标题、内容等,如图 5.42 所示。

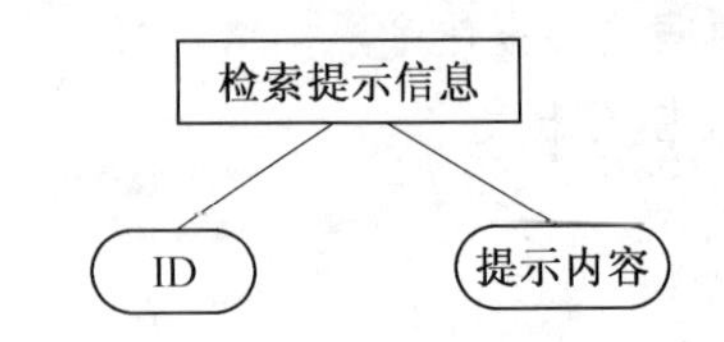

图 5.40 检索提示信息实体关系图

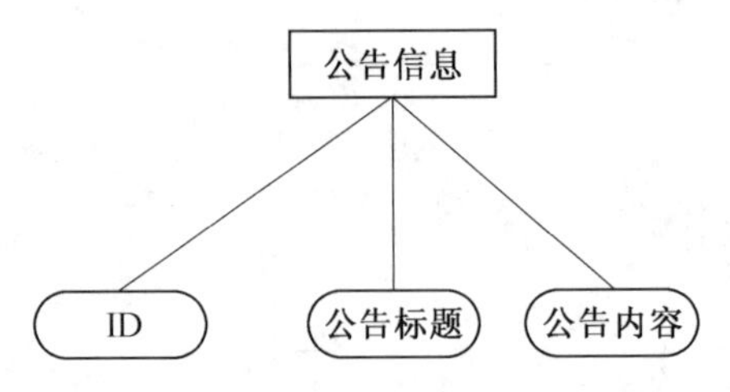

图 5.41 公告信息实体关系图

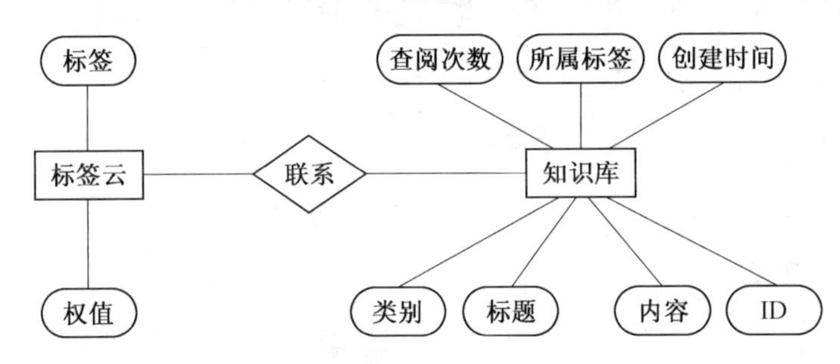

图 5.42 知识库信息实体关系图

5.5.4 数据库设计

数据库课程自动答疑系统所涉及的数据信息表主要包括用户基本信息表、信息分类表、信息详细表、留言信息表、回复信息表、公告信息表和短消息表等几部分,下面分别对它们进行说明。

(1)用户基本信息表

用户基本信息主要包括的字段为用户名、密码、昵称、邮箱等,具体数据结构如表 5.36 所示。

表 5.36 用户基本信息表

编 号	字段名称	数据类型	功能描述
1	UserName	char	用户名
2	Pwd	char	密码(MD5)
3	Sex	int	性别
4	Age	int	年龄
5	Type	int	用户类型

(2)信息分类表

信息分类主要包括的字段为类别序号、信息类别等,具体数据结构如表 5.37 所示。

表 5.37　信息分类表

编　号	字段名称	数据类型	功能描述
1	ID	自动编号	编号
2	Tag	char	信息类别

(3)知识库表

知识库主要包括的字段为知识标题、知识类别、知识内容、创建时间等,具体数据结构如表 5.38 所示。

表 5.38　信息详细表

编　号	字段名称	数据类型	功能描述
1	ID	自动编号	编号
2	Title	char	标题
3	Body	char	信息内容
4	Name	char	创建者
5	Data	char	创建时间

(4)留言信息表

留言主要包括的字段为用户名、留言姓名、留言题目、留言内容等,具体数据结构如表 5.39 所示。

表 5.39　留言信息表

编　号	字段名称	数据类型	功能描述
1	iD	自动编号	编号
2	Name	char	名字(表 1)
3	Sex	int	性别
4	Email	char	邮箱
5	Title	char	留言题目
6	Message	char	留言内容
7	Data	char	留言时间

(5)回复信息表

回复信息主要包括的字段为用户名、标题、回复内容、所属留言 ID 等,具体数据结构如表 5.40 所示。

表 5.40　回复信息表

编　号	字段名称	数据类型	功能描述
1	iD	自动编号	编号
2	Name	char	回帖用户名
3	Sex	int	性别

续表 5.40

编　号	字段名称	数据类型	功能描述
4	Email	char	邮箱
5	Title	char	留言题目
6	Message	char	留言内容
7	Data	char	留言时间
8	TileID	int	所属留言 ID 值

(6)公告信息表

公告信息主要包括的字段为公告标题、公告内容、发布时间等,具体数据结构如表 5.41 所示。

表 5.41　公告信息表

编　号	字段名称	数据类型	功能描述
1	iD	自动编号	编号
2	Title	char	公告标题
3	Body	char	公告内容
4	Data	char	发布时间
5	Name	char	发布者

(7)短消息表

短消息主要包括的字段为短消息编号、短消息内容、发送者、接受者等,具体数据结构如表 5.42 所示。

表 5.42　短消息表

编　号	字段名称	数据类型	功能描述
1	iD	自动编号	编号
2	Title	char	短消息标题
3	Body	char	短消息内容
4	Data	char	消息发送时间
5	TName	char	消息接收者
6	FName	char	消息发送者

本章小结

本章以基于办公自动化系统、高校科研工作量申报核算系统 Web 的信息调查与反馈系统、在线人才招聘系统与自动答疑系统设计为例,介绍了这些数据库应用系统的分析和设计的过程,详细描述了数据库设计的需求分析、概念结构设计和逻辑结构设计的过程。

附　录

附录1　B/S 模式下人力资源系统实现代码

本项目主要实现 B/S 模式下的代码实现，项目大体分为 4 部分：主页面中标题栏和目录的生成、子模块中信息管理界面布局的生成、数据库操作的相关代码，以及数据库连接具体操作代码。

1. 标题栏及目录生成代码

这部分是本项目中主页面生成和布局，可以对于主页面中的页眉上的标题、目录，以及页脚注释进行布局和显示。

```
<! DOCTYPE html PUBLIC "-//W3C//DTD XHTML 1.0 Strict//EN"
"http://www.w3.org/TR/xhtml1/DTD/xhtml1-strict.dtd">
<html xmlns="http://www.w3.org/1999/xhtml" xml:lang="en">
<head runat="server">
<meta http-equiv="Content-Type" content="text/html; charset=utf-8"/>
    <title></title>
    <link href="~/Styles/Site.css" rel="stylesheet" type="text/css" />
    <asp:ContentPlaceHolder ID="HeadContent" runat="server">
    </asp:ContentPlaceHolder>
</head>
<body>
    <form runat="server">
    <div class="page">
        <div class="header">
            <div class="title">
                <h1>
                    XX 企业人力资源管理系统 V1.0
                </h1>
            </div>

        <div class="clear hideSkiplink">
                <asp:Menu ID="NavigationMenu" runat="server" CssClass="menu" EnableViewState
="false" IncludeStyleBlock="false" Orientation="Horizontal">
                    <Items>
                        <asp:MenuItem Text="机构编制管理">
                        </asp:MenuItem>
```

```
                        <asp:MenuItem Text="人员信息管理">
                        <asp:MenuItem Text="职工基本信息"
NavigateUrl=" ~/employeeinfo.aspx" ></asp:MenuItem>
                            <asp:MenuItem Text="职工教育经历" ></asp:MenuItem>
                            <asp:MenuItem Text="职工个人简历" ></asp:MenuItem>
                            <asp:MenuItem Text="职工离职登记" ></asp:MenuItem>
                            <asp:MenuItem Text="职工岗位变更" ></asp:MenuItem>
                            <asp:MenuItem Text="职工离退休登记" ></asp:MenuItem>
                        </asp:MenuItem>
                        <asp:MenuItem Text="人事档案管理">
                        </asp:MenuItem>
                        <asp:MenuItem Text="员工招聘管理">
                        </asp:MenuItem>
                        <asp:MenuItem Text="考勤管理">
                        </asp:MenuItem>
                        <asp:MenuItem Text="薪资福利管理">
                        </asp:MenuItem>
                        <asp:MenuItem Text="人力资源测评">
                        </asp:MenuItem>
                        <asp:MenuItem Text="人力资源计划">

                        </asp:MenuItem>

                    </Items>
                </asp:Menu>
            </div>
        </div>
        <div class="main">
            <asp:ContentPlaceHolder ID="MainContent" runat="server"/>
        </div>
        <div class="clear">
        </div>
    </div>
    <div class="footer">
        <h12>
                    数据库系统设计与实践--哈尔滨工业大学出版社--2012 年
        </h12>
    </div>
    </form>
</body>
</html>
```

2. 职工信息管理界面相关代码

这部分是本项目中子模块的页面布局相关代码,篇幅有限因此这里以"职工信息管理子模块"为例,其他子模块可以参照该模块进行展开。该模块对于所管理的信息都加以展示,对于页面上的布局特点可以根据作者的观点进行随意调整。

```
<asp:Content ID="Content2" ContentPlaceHolderID="MainContent" runat="server">
    <asp:Panel ID="Panel1" runat="server">
        <table style="width:100%;">
            <tr>
                <td class="style2">
                    <asp:Label ID="Label1" runat="server" Text="内部编号"></asp:Label>
                </td>
                <td class="style8">
                    <asp:TextBox ID="TextBox1" runat="server"></asp:TextBox>
                </td>
                <td class="style4">
                    <asp:Label ID="Label2" runat="server" Text="职员编号"></asp:Label>
                </td>
                <td class="style7">
                    <asp:TextBox ID="TextBox2" runat="server"></asp:TextBox>
                </td>
                <td class="style6">
                    <asp:Label ID="Label3" runat="server" Text="姓名"></asp:Label>
                </td>
                <td>
                    <asp:TextBox ID="TextBox3" runat="server"></asp:TextBox>
                </td>
            </tr>
            <tr>
            <td>
                <asp:Label ID="Label4" runat="server" Text="性别"></asp:Label>
                </td>
            <td>
                <asp:TextBox ID="TextBox4" runat="server"></asp:TextBox>
                </td>
            <td>
                <asp:Label ID="Label5" runat="server" Text="出生日期"></asp:Label>
                </td>
            <td>
                <asp:TextBox ID="TextBox5" runat="server"></asp:TextBox>
                </td>
            <td>
                <asp:Label ID="Label6" runat="server" Text="年龄"></asp:Label>
                </td>
            <td>
                <asp:TextBox ID="TextBox6" runat="server"></asp:TextBox>
                </td>
```

```
</tr>
<tr>
<td>
    <asp:Label ID="Label7" runat="server" Text="籍贯"></asp:Label>
    </td>
<td>
    <asp:TextBox ID="TextBox7" runat="server"></asp:TextBox>
    </td>
<td>
    <asp:Label ID="Label8" runat="server" Text="民族"></asp:Label>
    </td>
<td>
    <asp:TextBox ID="TextBox8" runat="server"></asp:TextBox>
    </td>
<td>
    <asp:Label ID="Label9" runat="server" Text="文化程度"></asp:Label>
    </td>
<td>
    <asp:TextBox ID="TextBox9" runat="server"></asp:TextBox>
    </td>
</tr>
<tr>
<td>
    <asp:Label ID="Label10" runat="server" Text="毕业学校"></asp:Label>
    </td>
<td>
    <asp:TextBox ID="TextBox10" runat="server"></asp:TextBox>
    </td>
<td>
    <asp:Label ID="Label11" runat="server" Text="健康状况"></asp:Label>
    </td>
<td>
    <asp:TextBox ID="TextBox11" runat="server"></asp:TextBox>
    </td>
<td>
    <asp:Label ID="Label12" runat="server" Text="婚姻状况"></asp:Label>
    </td>
<td>
    <asp:TextBox ID="TextBox12" runat="server"></asp:TextBox>
    </td>
</tr>
<tr>
<td>
    <asp:Label ID="Label13" runat="server" Text="身份证号码"></asp:Label>
    </td>
```

```
                <td>
                    <asp:TextBox ID="TextBox13" runat="server"></asp:TextBox>
                    </td>
                <td>
                    <asp:Label ID="Label14" runat="server" Text="家庭电话"></asp:Label>
                    </td>
                <td>
                    <asp:TextBox ID="TextBox14" runat="server"></asp:TextBox>
                    </td>
                <td>
                    <asp:Label ID="Label15" runat="server" Text="办公电话"></asp:Label>
                    </td>
                <td>
                    <asp:TextBox ID="TextBox15" runat="server"></asp:TextBox>
                    </td>
                </tr>
                <tr>
                <td>
                    <asp:Label ID="Label16" runat="server" Text="手机"></asp:Label>
                    </td>
                <td>
                    <asp:TextBox ID="TextBox16" runat="server"></asp:TextBox>
                    </td>
                <td>
                    <asp:Label ID="Label17" runat="server" Text="电子邮件地址"></asp:Label>
                    </td>
                <td>
                    <asp:TextBox ID="TextBox17" runat="server"></asp:TextBox>
                    </td>
                <td></td>
                <td></td>
                </tr>
            </table>

        </asp:Panel>
        <asp:Panel ID="Panel2" runat="server">
            <table style="width: 100%; background-color: #FFCC00;">
                <tr>
                    <td class="style2">
                        <asp:Button ID="Button1" runat="server" Text="查询" onclick="Button_se-
lect_Click" Width="80px" />
                    </td>
                    <td class="style10">
                        <asp:Button ID="Button2" runat="server" Text="添加" onclick="Button_
insert_Click"
```

```
                    Width="75px" />
                </td>
                <td class="style11">
                    <asp:Button ID="Button3" runat="server" Text="修改" onclick="Button_
update_Click" Width="74px" />
                </td>
                <td>
                    <asp:Button ID="Button4" runat="server" Text="删除" onclick="Button_
delete_Click" Width="78px" />
                </td>
            </tr>
        </table>
    </asp:Panel>
    <asp:Panel ID="Panel3" runat="server">
        <asp:SqlDataSource ID="SqlDataSource1" runat="server"
            ConnectionString="<%$ ConnectionStrings:ConnectionString %>"
            SelectCommand="SELECT * FROM [职员信息表]"></asp:SqlDataSource>
        <asp:GridView ID="GridView1" runat="server" AllowPaging="True"
            AutoGenerateColumns="False" CellPadding="4"
DataSourceID="SqlDataSource1"
            ForeColor="#333333" GridLines="None">
            <AlternatingRowStyle BackColor="White" ForeColor="#284775" />
            <Columns>
                <asp:BoundField DataField="内部编号" HeaderText="内部编号" SortExpression=
"内部编号" />
                <asp:BoundField DataField="职员编号" HeaderText="职员编号" SortExpression=
"职员编号" />
                <asp:BoundField DataField="姓名" HeaderText="姓名" SortExpression="姓名" />
                <asp:BoundField DataField="性别" HeaderText="性别" SortExpression="性别" />
                <asp:BoundField DataField="出生日期" HeaderText="出生日期" SortExpression=
"出生日期" />
                <asp:BoundField DataField="年龄" HeaderText="年龄" SortExpression="年龄" />
                <asp:BoundField DataField="籍贯" HeaderText="籍贯" SortExpression="籍贯" />
                <asp:BoundField DataField="民族" HeaderText="民族" SortExpression="民族" />
                <asp:BoundField DataField="文化程度" HeaderText="文化程度" SortExpression=
"文化程度" />
                <asp:BoundField DataField="毕业学校" HeaderText="毕业学校" SortExpression=
"毕业学校" />
                <asp:BoundField DataField="健康状况" HeaderText="健康状况" SortExpression=
"健康状况" />
                <asp:BoundField DataField="婚姻状况" HeaderText="婚姻状况" SortExpression=
"婚姻状况" />
                <asp:BoundField DataField="身份证号码" HeaderText="身份证号码" SortExpres-
sion="身份证号码" />
                <asp:BoundField DataField="家庭电话" HeaderText="家庭电话" SortExpression=
```

```
"家庭电话" />
                    <asp:BoundField DataField="办公电话" HeaderText="办公电话" SortExpression="
办公电话" />
                    <asp:BoundField DataField="手机" HeaderText="手机" SortExpression="手机" />
                    <asp:BoundField DataField="电子邮件地址" HeaderText="电子邮件地址"
                        SortExpression="电子邮件地址" />
                    <asp:BoundField DataField="职工账号" HeaderText="职工账号" SortExpression=
"职工账号" />
                    <asp:BoundField DataField="单位编号" HeaderText="单位编号" SortExpression=
"单位编号" />
                    <asp:BoundField DataField="备注" HeaderText="备注" SortExpression="备注" />
                </Columns>
                <EditRowStyle BackColor="#999999" />
                <FooterStyle BackColor="#5D7B9D" Font-Bold="True" ForeColor="White" />
                <HeaderStyle BackColor="#5D7B9D" Font-Bold="True" ForeColor="White" />
                <PagerStyle BackColor="#284775" ForeColor="White" HorizontalAlign="Center" />
                <RowStyle BackColor="#F7F6F3" ForeColor="#333333" />
                <SelectedRowStyle BackColor="#E2DED6" Font-Bold="True" ForeColor="#333333" />
                <SortedAscendingCellStyle BackColor="#E9E7E2" />
                <SortedAscendingHeaderStyle BackColor="#506C8C" />
                <SortedDescendingCellStyle BackColor="#FFFDF8" />
                <SortedDescendingHeaderStyle BackColor="#6F8DAE" />
            </asp:GridView>
        </asp:Panel>
    </asp:Content>
```

3. 数据操作相关代码

在职工信息管理界面下，可以执行对于数据库的相关操作，例如：查询、添加、修改、删除。而这样的操作都会在后台转化为 SQL 语句来直接作用在数据库中。本项目基于面向对象设计原则，将数据库操作抽象成为一个类型，并根据执行单一 SQL 语句、多条 SQL 语句、带存储过程的 SQL 语句。本小节中给出具体实现细节，包括执行 SQL 语句和返回结果集。

```
namespace DataBase
{
    /* *//// <summary>
    /// 数据访问基础类(基于 SQLServer)
    /// 用户可以修改满足自己项目的需要。
    /// </summary>
    public abstract class DbHelperSQL
    {
        //数据库连接字符串(web.config 来配置)
        //<add key="ConnectionString"
        value="server=127.0.0.1;database=DATABASE;uid=sa;pwd=" />
        protected static string connectionString = "Data Source=.;Integrated Security=SSPI;database=人
```

```
力资源管理系统";
            public DbHelperSQL() {   }
            /**//// <summary>
            /// 执行SQL语句,返回影响的记录数
            /// </summary>
            /// <param name="SQLString">SQL语句</param>
            /// <returns>影响的记录数</returns>
            public static int ExecuteSql(string SQLString)
            {
                using (SqlConnection connection = new SqlConnection(connectionString))
                {
                    using (SqlCommand cmd = new SqlCommand(SQLString,connection))
                    {
                        try
                        {
                            connection.Open();
                            int rows=cmd.ExecuteNonQuery();
                            return rows;
                        }
                        catch(System.Data.SqlClient.SqlException E)
                        {
                            connection.Close();
                            throw new Exception(E.Message);
                        }
                    }
                }
            }

            /**//// <summary>
            /// 执行多条SQL语句,实现数据库事务。
            /// </summary>
            /// <param name="SQLStringList">多条SQL语句</param>
            public static void ExecuteSqlTran(ArrayList SQLStringList)
            {
                using (SqlConnection conn = new SqlConnection(connectionString))
                {
                    conn.Open();
                    SqlCommand cmd = new SqlCommand();
                    cmd.Connection=conn;
                    SqlTransaction tx=conn.BeginTransaction();
                    cmd.Transaction=tx;
                    try
                    {
                        for(int n=0;n<SQLStringList.Count;n++)
                        {
```

```
                string strsql=SQLStringList[n].ToString();
                if (strsql.Trim().Length>1)
                {
                cmd.CommandText=strsql;
                cmd.ExecuteNonQuery();
                }
                }
                tx.Commit();
            }
            catch(System.Data.SqlClient.SqlException E)
            {
                tx.Rollback();
                throw new Exception(E.Message);
            }
        }
    }

    /**//// <summary>
    /// 执行带一个存储过程参数的 SQL 语句。
    /// </summary>
    /// <param name="SQLString">SQL 语句</param>
    /// <param name="content">参数内容,比如一个字段是格式复杂的文章,有特殊符号,可以
通过这个方式添加</param>
    /// <returns>影响的记录数</returns>
    public static int ExecuteSql(string SQLString,string content)
    {
        using (SqlConnection connection = new SqlConnection(connectionString))
        {
            SqlCommand cmd = new SqlCommand(SQLString,connection);
            System.Data.SqlClient.SqlParameter  myParameter = new System.Data.SqlClient.Sql-
Parameter ( "@content", SqlDbType.NText);
            myParameter.Value = content ;
            cmd.Parameters.Add(myParameter);
            try
            {
                connection.Open();
                int rows=cmd.ExecuteNonQuery();
                return rows;
            }
            catch(System.Data.SqlClient.SqlException E)
            {
                throw new Exception(E.Message);
            }
            finally
            {
```

```
                    cmd. Dispose( );
                    connection. Close( );
                }
            }
        }
        /// 执行一条计算查询结果语句,返回查询结果(object)。
        /// </summary>
        /// <param name="SQLString">计算查询结果语句</param>
        /// <returns>查询结果(object)</returns>
        public static object GetSingle(string SQLString)
        {
            using (SqlConnection connection = new SqlConnection(connectionString))
            {
                using(SqlCommand cmd = new SqlCommand(SQLString,connection))
                {
                    try
                    {
                        connection. Open( );
                        object obj = cmd. ExecuteScalar( );
if( (Object. Equals(obj,null)) || (Object. Equals(obj,System. DBNull. Value)))
                        {
                            return null;
                        }
                        else
                        {
                            return obj;
                        }
                    }
                    catch(System. Data. SqlClient. SqlException e)
                    {
                        connection. Close( );
                        throw new Exception(e. Message);
                    }
                }
            }
        }

        /* *//// <summary>
        /// 执行查询语句,返回 SqlDataReader
        /// </summary>
        /// <param name="strSQL">查询语句</param>
        /// <returns>SqlDataReader</returns>
        public static SqlDataReader ExecuteReader(string strSQL)
        {
            SqlConnection connection = new SqlConnection(connectionString);
```

```
        SqlCommand cmd = new SqlCommand(strSQL,connection);
        try
        {
            connection.Open();
            SqlDataReader myReader = cmd.ExecuteReader();
            return myReader;
        }
        catch(System.Data.SqlClient.SqlException e)
        {
            throw new Exception(e.Message);
        }

}

/**//// <summary>
/// 执行查询语句,返回 DataSet
/// </summary>
/// <param name="SQLString">查询语句</param>
/// <returns>DataSet</returns>
public static DataTable Query(string SQLString)
{
    using (SqlConnection connection = new SqlConnection(connectionString))
    {
        DataTable ds = new DataTable();
        try
        {
            connection.Open();
            SqlDataAdapter command = new
SqlDataAdapter(SQLString,connection);
            command.Fill(ds);
        }
        catch(System.Data.SqlClient.SqlException ex)
        {
            throw new Exception(ex.Message);
        }
        return ds;
    }
}

public static DataSet QueryDS(string SQLString)
{
    using (SqlConnection connection = new SqlConnection(connectionString))
    {
        DataSet ds = new DataSet();
        try
```

```
                {
                    connection.Open();
                    SqlDataAdapter command = new SqlDataAdapter(SQLString, connection);
                    command.Fill(ds);
                }
                catch (System.Data.SqlClient.SqlException ex)
                {
                    throw new Exception(ex.Message);
                }
                return ds;
            }
        }
    }
```

4. 数据库连接操作

为了更好地执行界面与后台数据库连接操作，通过 ADO.net 中数据库连接方式，本节给出数据库连接语句。

```
//数据库连接字符串（web.config 来配置）
protected static string connectionString = "Data Source=localhost ;Integrated Security=SSPI;database=人力资源管理系统";
```

Integrated Security=SSPI 这个表示以当前 WINDOWS 系统用户身去登录 SQL SERVER 服务器，如果 SQL SERVER 服务器不支持这种方式登录时，就会出错。这种情况下，可以使用 SQL SERVER 的用户名和密码进行登录，如：

"Provider=SQLOLEDB.1;Persist Security Info=False;Initial Catalog=数据库名;Data Source=192.168.0.1;User ID=sa;Password=密码"

附录2 C/S 模式下人力资源系统实现代码

本项目主要完成 C/S 模式下的代码实现，项目大体分为 4 部分：主页面中标题栏和目录的生成、子模块中信息管理界面布局的生成、数据库操作的相关代码，以及数据库连接的具体操作代码。

1. 标题栏及目录生成代码

这部分是本项目中主页面生成和布局，可以对主页面中页眉上的标题、目录及页脚注释进行布局和显示。

```
System.ComponentModel.ComponentResourceManager resources = new System.ComponentModel.ComponentResourceManager(typeof(frmMain));
    this.menuStrip1 = new System.Windows.Forms.MenuStrip();
    this.机构编制管理ToolStripMenuItem = new
    System.Windows.Forms.ToolStripMenuItem();
    this.人员信息管理ToolStripMenuItem = new
```

```
System. Windows. Forms. ToolStripMenuItem( ) ;
this. 员工招聘管理 ToolStripMenuItem = new
System. Windows. Forms. ToolStripMenuItem( ) ;
this. 考勤管理 ToolStripMenuItem = new
System. Windows. Forms. ToolStripMenuItem( ) ;
this. 薪资福利管理 ToolStripMenuItem = new
System. Windows. Forms. ToolStripMenuItem( ) ;
this. 人力资源测评 ToolStripMenuItem = new
System. Windows. Forms. ToolStripMenuItem( ) ;
this. 人力资源计划 ToolStripMenuItem = new
System. Windows. Forms. ToolStripMenuItem( ) ;
this. 帮助 ToolStripMenuItem = new
System. Windows. Forms. ToolStripMenuItem( ) ;
this. statusStrip1 = new System. Windows. Forms. StatusStrip( ) ;
this. toolStripStatusLabel1 = new System. Windows. Forms. ToolStripStatusLabel( ) ;
this. toolStripSplitButton1 = new System. Windows. Forms. ToolStripStatusLabel( ) ;
this. toolStripStatusLabel2 = new System. Windows. Forms. ToolStripStatusLabel( ) ;
this. 人事档案管理 ToolStripMenuItem = new
System. Windows. Forms. ToolStripMenuItem( ) ;
this. 职工基本信息 ToolStripMenuItem = new
System. Windows. Forms. ToolStripMenuItem( ) ;
this. 职工教育经历 ToolStripMenuItem = new
System. Windows. Forms. ToolStripMenuItem( ) ;
this. 职工个人简历 ToolStripMenuItem = new
System. Windows. Forms. ToolStripMenuItem( ) ;
this. 职工离职登记 ToolStripMenuItem = new
System. Windows. Forms. ToolStripMenuItem( ) ;
this. 职工岗位变更 ToolStripMenuItem = new
System. Windows. Forms. ToolStripMenuItem( ) ;
this. 职工离退休登记 ToolStripMenuItem = new
System. Windows. Forms. ToolStripMenuItem( ) ;
this. menuStrip1. SuspendLayout( ) ;
this. statusStrip1. SuspendLayout( ) ;
this. SuspendLayout( ) ;
//
// menuStrip1
//
this. menuStrip1. Items. AddRange( new System. Windows. Forms. ToolStripItem[ ] {
this. 机构编制管理 ToolStripMenuItem,
this. 人员信息管理 ToolStripMenuItem,
this. 人事档案管理 ToolStripMenuItem,
this. 员工招聘管理 ToolStripMenuItem,
this. 考勤管理 ToolStripMenuItem,
this. 薪资福利管理 ToolStripMenuItem,
this. 人力资源测评 aToolStripMenuItem,
```

```
this. 人力资源计划 ToolStripMenuItem,
this. 帮助 ToolStripMenuItem});
this.menuStrip1.Location = new System.Drawing.Point(0, 0);
this.menuStrip1.Name = "menuStrip1";
this.menuStrip1.Size = new System.Drawing.Size(788, 24);
this.menuStrip1.TabIndex = 0;
this.menuStrip1.Text = "menuStrip1";
//
this. 机构编制管理 ToolStripMenuItem.Name = "机构编制管理 ToolStripMenuItem";
this. 机构编制管理 ToolStripMenuItem.Size = new System.Drawing.Size(89, 20);
this. 机构编制管理 ToolStripMenuItem.Text = "机构编制管理";
//
this. 人员信息管理 ToolStripMenuItem.DropDownItems.AddRange(new System.Windows.
Forms.ToolStripItem[] {
this.职工基本信息 ToolStripMenuItem,
this.职工教育经历 ToolStripMenuItem,
this.职工个人简历 ToolStripMenuItem,
this.职工离职登记? ToolStripMenuItem,
this.职工岗位变更 ToolStripMenuItem,
this.职工离退休登记 ToolStripMenuItem});
this. 人员信息管理 ToolStripMenuItem.Name = "人员信息管理 ToolStripMenuItem";
this. 人员信息管理 ToolStripMenuItem.Size = new System.Drawing.Size(89, 20);
this. 人员信息管理 ToolStripMenuItem.Text = "人员信息管理";
//
this. 员工招聘管理 ToolStripMenuItem.Name = "员工招聘管理 ToolStripMenuItem";
this. 员工招聘管理 ToolStripMenuItem.Size = new System.Drawing.Size(89, 20);
this. 员工招聘管理 ToolStripMenuItem.Text = "员工招聘管理";
//
this. 考勤管理 ToolStripMenuItem.Name = "考勤管理 ToolStripMenuItem";
this. 考勤管理 ToolStripMenuItem.Size = new System.Drawing.Size(65, 20);
this. 考勤管理 ToolStripMenuItem.Text = "考勤管理";
//
this. 薪资福利管理 ToolStripMenuItem.DropDownItems.AddRange(new System.Windows.
Forms.ToolStripItem[] {
this. 薪资福利管理 ToolStripMenuItem.Name = "薪资福利管理 ToolStripMenuItem";
this. 薪资福利管理 ToolStripMenuItem.Size = new System.Drawing.Size(89, 20);
this. 薪资福利管理 ToolStripMenuItem.Text = "薪资福利管理";
//
this. 人力资源测评 ToolStripMenuItem.Name = "人力资源测评 ToolStripMenuItem";
this. 人力资源测评 ToolStripMenuItem.Size = new System.Drawing.Size(89, 20);
this. 人力资源测评 ToolStripMenuItem.Text = "人力资源测评";
//
this. 人力资源计划 ToolStripMenuItem.Name = "人力资源计划 ToolStripMenuItem";
this. 人力资源计划 ToolStripMenuItem.Size = new System.Drawing.Size(89, 20);
this. 人力资源计划 ToolStripMenuItem.Text = "人力资源计划";
```

```
//
this. 帮助 ToolStripMenuItem. Name = "帮助 ToolStripMenuItem";
this. 帮助 ToolStripMenuItem. Size = new System. Drawing. Size(41, 20);
this. 帮助 ToolStripMenuItem. Text = "帮助";
//
// statusStrip1
//
this. statusStrip1. Items. AddRange( new System. Windows. Forms. ToolStripItem[ ] {
this. toolStripStatusLabel1,
this. toolStripSplitButton1,
this. toolStripStatusLabel2} );
this. statusStrip1. Location = new System. Drawing. Point(0, 439);
this. statusStrip1. Name = "statusStrip1";
this. statusStrip1. Size = new System. Drawing. Size(788, 22);
this. statusStrip1. TabIndex = 1;
this. statusStrip1. Text = "statusStrip1";
//
// toolStripStatusLabel1
//
this. toolStripStatusLabel1. Name = "toolStripStatusLabel1";
this. toolStripStatusLabel1. Size = new System. Drawing. Size(125, 17);
this. toolStripStatusLabel1. Text = "数据库系统设计与实践";
//
// toolStripSplitButton1
//
this. toolStripSplitButton1. DisplayStyle = System. Windows. Forms. ToolStripItemDisplayStyle.
Text;
this. toolStripSplitButton1. Image = ((System. Drawing. Image)(resources. GetObject("tool-
StripSplitButton1. Image")));
this. toolStripSplitButton1. ImageTransparentColor = System. Drawing. Color. Magenta;
this. toolStripSplitButton1. Name = "toolStripSplitButton1";
this. toolStripSplitButton1. Size = new System. Drawing. Size(11, 17);
this. toolStripSplitButton1. Text = "|";
//
// toolStripStatusLabel2
//
this. toolStripStatusLabel2. Name = "toolStripStatusLabel2";
this. toolStripStatusLabel2. Size = new System. Drawing. Size(125, 17);
this. toolStripStatusLabel2. Text = "哈尔滨工业大学出版社";
//
this. 人事档案管理 ToolStripMenuItem. Name = "人事档案管理 ToolStripMenuItem";
this. 人事档案管理 ToolStripMenuItem. Size = new System. Drawing. Size(89, 20);
this. 人事档案管理 ToolStripMenuItem. Text = "人事档案管理";
//
this. 职工基本信息 ToolStripMenuItem. Name = "职工基本信息 ToolStripMenuItem";
```

```
this.职工基本信息ToolStripMenuItem.Size = new System.Drawing.Size(154, 22);
this.职工基本信息ToolStripMenuItem.Text = "职工基本信息";
this.职工基本信息ToolStripMenuItem.Click += new System.EventHandler(this.职工基本信息ToolStripMenuItem_Click);
//
this.职工教育经历ToolStripMenuItem.Name = "职工教育经历ToolStripMenuItem";
this.职工教育经历ToolStripMenuItem.Size = new System.Drawing.Size(154, 22);
this.职工教育经历ToolStripMenuItem.Text = "职工教育经历";
//
this.职工个人简历ToolStripMenuItem.Name = "职工个人简历ToolStripMenuItem";
this.职工个人简历ToolStripMenuItem.Size = new System.Drawing.Size(154, 22);
this.职工个人简历ToolStripMenuItem.Text = "职工个人简历";
//
this.职工离职登记ToolStripMenuItem.Name = "职工离职登记记？ToolStripMenuItem";
this.职工离职登记ToolStripMenuItem.Size = new System.Drawing.Size(154, 22);
this.职工离职登记ToolStripMenuItem.Text = "职工离职登记";
//
this.职工岗位变更ToolStripMenuItem.Name = "职工岗位变更ToolStripMenuItem";
this.职工岗位变更ToolStripMenuItem.Size = new System.Drawing.Size(154, 22);
this.职工岗位变更ToolStripMenuItem.Text = "职工岗位变更";
//
this.职工离退休登记ToolStripMenuItem.Name = "职工离退休登记ToolStripMenuItem";
this.职工离退休登记ToolStripMenuItem.Size = new System.Drawing.Size(154, 22);
this.职工离退休登记ToolStripMenuItem.Text = "职工离退休登记";
//
// frmMain
//
this.AutoScaleDimensions = new System.Drawing.SizeF(6F, 12F);
this.AutoScaleMode = System.Windows.Forms.AutoScaleMode.Font;
this.ClientSize = new System.Drawing.Size(788, 461);
this.Controls.Add(this.statusStrip1);
this.Controls.Add(this.menuStrip1);
this.IsMdiContainer = true;
this.MainMenuStrip = this.menuStrip1;
this.Name = "frmMain";
this.Text = "XX企业人力资源管理V1.0";
this.Load += new System.EventHandler(this.frmMain_Load);
this.menuStrip1.ResumeLayout(false);
this.menuStrip1.PerformLayout();
this.statusStrip1.ResumeLayout(false);
this.statusStrip1.PerformLayout();
this.ResumeLayout(false);
this.PerformLayout();

}
```

2. 职工信息管理界面相关代码

这部分是本项目中子模块的页面布局相关代码，篇幅有限因此这里以“职工信息管理子模块”为例，其他子模块可以参照该模块进行展开。该模块对于所管理的信息都加以展示，对于页面上的布局特点可以根据作者的观点进行随意调整。

```
private void InitializeComponent( )
  {
      this. label1  =  new System. Windows. Forms. Label( ) ;
      this. textBox1  =  new System. Windows. Forms. TextBox( ) ;
      this. label2  =  new System. Windows. Forms. Label( ) ;
      this. textBox2  =  new System. Windows. Forms. TextBox( ) ;
      this. label3  =  new System. Windows. Forms. Label( ) ;
      this. textBox3  =  new System. Windows. Forms. TextBox( ) ;
      this. label4  =  new System. Windows. Forms. Label( ) ;
      this. textBox4  =  new System. Windows. Forms. TextBox( ) ;
      this. label5  =  new System. Windows. Forms. Label( ) ;
      this. textBox5  =  new System. Windows. Forms. TextBox( ) ;
      this. label6  =  new System. Windows. Forms. Label( ) ;
      this. textBox6  =  new System. Windows. Forms. TextBox( ) ;
      this. label7  =  new System. Windows. Forms. Label( ) ;
      this. textBox7  =  new System. Windows. Forms. TextBox( ) ;
      this. label8  =  new System. Windows. Forms. Label( ) ;
      this. textBox8  =  new System. Windows. Forms. TextBox( ) ;
      this. label9  =  new System. Windows. Forms. Label( ) ;
      this. textBox9  =  new System. Windows. Forms. TextBox( ) ;
      this. label10  =  new System. Windows. Forms. Label( ) ;
      this. textBox10  =  new System. Windows. Forms. TextBox( ) ;
      this. label11  =  new System. Windows. Forms. Label( ) ;
      this. textBox11  =  new System. Windows. Forms. TextBox( ) ;
      this. label12  =  new System. Windows. Forms. Label( ) ;
      this. textBox12  =  new System. Windows. Forms. TextBox( ) ;
      this. label13  =  new System. Windows. Forms. Label( ) ;
      this. textBox13  =  new System. Windows. Forms. TextBox( ) ;
      this. label14  =  new System. Windows. Forms. Label( ) ;
      this. textBox14  =  new System. Windows. Forms. TextBox( ) ;
      this. label15  =  new System. Windows. Forms. Label( ) ;
      this. textBox15  =  new System. Windows. Forms. TextBox( ) ;
      this. label16  =  new System. Windows. Forms. Label( ) ;
      this. textBox16  =  new System. Windows. Forms. TextBox( ) ;
      this. label17  =  new System. Windows. Forms. Label( ) ;
      this. textBox17  =  new System. Windows. Forms. TextBox( ) ;
      this. button1  =  new System. Windows. Forms. Button( ) ;
      this. button2  =  new System. Windows. Forms. Button( ) ;
      this. SuspendLayout( ) ;
```

```
//
// label1
//
this. label1. AutoSize = true;
this. label1. Location = new System. Drawing. Point(12, 24);
this. label1. Name = "label1";
this. label1. Size = new System. Drawing. Size(53, 12);
this. label1. TabIndex = 0;
this. label1. Text = "内部编号?";
//
// textBox1
//
this. textBox1. Location = new System. Drawing. Point(70, 20);
this. textBox1. Name = "textBox1";
this. textBox1. Size = new System. Drawing. Size(100, 21);
this. textBox1. TabIndex = 1;
//
// label2
//
this. label2. AutoSize = true;
this. label2. Location = new System. Drawing. Point(177, 24);
this. label2. Name = "label2";
this. label2. Size = new System. Drawing. Size(53, 12);
this. label2. TabIndex = 2;
this. label2. Text = "职员编号?";
//
// textBox2
//
this. textBox2. Location = new System. Drawing. Point(236, 20);
this. textBox2. Name = "textBox2";
this. textBox2. Size = new System. Drawing. Size(100, 21);
this. textBox2. TabIndex = 3;
//
// label3
//
this. label3. AutoSize = true;
this. label3. Location = new System. Drawing. Point(342, 24);
this. label3. Name = "label3";
this. label3. Size = new System. Drawing. Size(29, 12);
this. label3. TabIndex = 4;
this. label3. Text = "姓名";
//
// textBox3
//
this. textBox3. Location = new System. Drawing. Point(377, 20);
```

```
this. textBox3. Name = "textBox3";
this. textBox3. Size = new System. Drawing. Size(100, 21);
this. textBox3. TabIndex = 5;
//
// label4
//
this. label4. AutoSize = true;
this. label4. Location = new System. Drawing. Point(491, 24);
this. label4. Name = "label4";
this. label4. Size = new System. Drawing. Size(29, 12);
this. label4. TabIndex = 6;
this. label4. Text = "性别";
//
// textBox4
//
this. textBox4. Location = new System. Drawing. Point(526, 20);
this. textBox4. Name = "textBox4";
this. textBox4. Size = new System. Drawing. Size(65, 21);
this. textBox4. TabIndex = 7;
//
// label5
//
this. label5. AutoSize = true;
this. label5. Location = new System. Drawing. Point(12, 57);
this. label5. Name = "label5";
this. label5. Size = new System. Drawing. Size(53, 12);
this. label5. TabIndex = 8;
this. label5. Text = "出生日期";
//
// textBox5
//
this. textBox5. Location = new System. Drawing. Point(70, 53);
this. textBox5. Name = "textBox5";
this. textBox5. Size = new System. Drawing. Size(100, 21);
this. textBox5. TabIndex = 9;
//
// label6
//
this. label6. AutoSize = true;
this. label6. Location = new System. Drawing. Point(177, 57);
this. label6. Name = "label6";
this. label6. Size = new System. Drawing. Size(29, 12);
this. label6. TabIndex = 10;
this. label6. Text = "年龄";
//
```

```
// textBox6
//
this. textBox6. Location = new System. Drawing. Point(210, 53);
this. textBox6. Name = "textBox6";
this. textBox6. Size = new System. Drawing. Size(46, 21);
this. textBox6. TabIndex = 11;
//
// label7
//
this. label7. AutoSize = true;
this. label7. Location = new System. Drawing. Point(265, 57);
this. label7. Name = "label7";
this. label7. Size = new System. Drawing. Size(29, 12);
this. label7. TabIndex = 12;
this. label7. Text = "籍贯";
//
// textBox7
//
this. textBox7. Location = new System. Drawing. Point(300, 53);
this. textBox7. Name = "textBox7";
this. textBox7. Size = new System. Drawing. Size(100, 21);
this. textBox7. TabIndex = 13;
//
// label8
//
this. label8. AutoSize = true;
this. label8. Location = new System. Drawing. Point(407, 57);
this. label8. Name = "label8";
this. label8. Size = new System. Drawing. Size(29, 12);
this. label8. TabIndex = 14;
this. label8. Text = "民族";
//
// textBox8
//
this. textBox8. Location = new System. Drawing. Point(442, 53);
this. textBox8. Name = "textBox8";
this. textBox8. Size = new System. Drawing. Size(100, 21);
this. textBox8. TabIndex = 15;
//
// label9
//
this. label9. AutoSize = true;
this. label9. Location = new System. Drawing. Point(12, 90);
this. label9. Name = "label9";
this. label9. Size = new System. Drawing. Size(53, 12);
```

```
this.label9.TabIndex = 16;
this.label9.Text = "文化程度";
//
// textBox9
//
this.textBox9.Location = new System.Drawing.Point(70, 86);
this.textBox9.Name = "textBox9";
this.textBox9.Size = new System.Drawing.Size(100, 21);
this.textBox9.TabIndex = 17;
//
// label10
//
this.label10.AutoSize = true;
this.label10.Location = new System.Drawing.Point(176, 90);
this.label10.Name = "label10";
this.label10.Size = new System.Drawing.Size(53, 12);
this.label10.TabIndex = 18;
this.label10.Text = "毕业学校";
//
// textBox10
//
this.textBox10.Location = new System.Drawing.Point(235, 86);
this.textBox10.Name = "textBox10";
this.textBox10.Size = new System.Drawing.Size(100, 21);
this.textBox10.TabIndex = 19;
//
// label11
//
this.label11.AutoSize = true;
this.label11.Location = new System.Drawing.Point(341, 90);
this.label11.Name = "label11";
this.label11.Size = new System.Drawing.Size(53, 12);
this.label11.TabIndex = 20;
this.label11.Text = "健康状况";
//
// textBox11
//
this.textBox11.Location = new System.Drawing.Point(400, 86);
this.textBox11.Name = "textBox11";
this.textBox11.Size = new System.Drawing.Size(77, 21);
this.textBox11.TabIndex = 21;
//
// label12
//
this.label12.AutoSize = true;
```

```
this. label12. Location = new System. Drawing. Point(489, 90);
this. label12. Name = "label12";
this. label12. Size = new System. Drawing. Size(53, 12);
this. label12. TabIndex = 22;
this. label12. Text = "婚姻状况?";
//
// textBox12
//
this. textBox12. Location = new System. Drawing. Point(548, 86);
this. textBox12. Name = "textBox12";
this. textBox12. Size = new System. Drawing. Size(48, 21);
this. textBox12. TabIndex = 23;
//
// label13
//
this. label13. AutoSize = true;
this. label13. Location = new System. Drawing. Point(12, 123);
this. label13. Name = "label13";
this. label13. Size = new System. Drawing. Size(65, 12);
this. label13. TabIndex = 24;
this. label13. Text = "身份证号码";
//
// textBox13
//
this. textBox13. Location = new System. Drawing. Point(83, 119);
this. textBox13. Name = "textBox13";
this. textBox13. Size = new System. Drawing. Size(252, 21);
this. textBox13. TabIndex = 25;
//
// label14
//
this. label14. AutoSize = true;
this. label14. Location = new System. Drawing. Point(341, 123);
this. label14. Name = "label14";
this. label14. Size = new System. Drawing. Size(53, 12);
this. label14. TabIndex = 26;
this. label14. Text = "家庭电话";
//
// textBox14
//
this. textBox14. Location = new System. Drawing. Point(400, 119);
this. textBox14. Name = "textBox14";
this. textBox14. Size = new System. Drawing. Size(196, 21);
this. textBox14. TabIndex = 27;
//
```

```
// label15
//
this. label15. AutoSize = true;
this. label15. Location = new System. Drawing. Point(12, 156);
this. label15. Name = "label15";
this. label15. Size = new System. Drawing. Size(53, 12);
this. label15. TabIndex = 28;
this. label15. Text = "办公电话";
//
// textBox15
//
this. textBox15. Location = new System. Drawing. Point(71, 152);
this. textBox15. Name = "textBox15";
this. textBox15. Size = new System. Drawing. Size(185, 21);
this. textBox15. TabIndex = 29;
//
// label16
//
this. label16. AutoSize = true;
this. label16. Location = new System. Drawing. Point(273, 156);
this. label16. Name = "label16";
this. label16. Size = new System. Drawing. Size(29, 12);
this. label16. TabIndex = 30;
this. label16. Text = "手机";
//
// textBox16
//
this. textBox16. Location = new System. Drawing. Point(308, 152);
this. textBox16. Name = "textBox16";
this. textBox16. Size = new System. Drawing. Size(286, 21);
this. textBox16. TabIndex = 31;
//
// label17
//
this. label17. AutoSize = true;
this. label17. Location = new System. Drawing. Point(12, 189);
this. label17. Name = "label17";
this. label17. Size = new System. Drawing. Size(77, 12);
this. label17. TabIndex = 32;
this. label17. Text = "电子邮件地址";
//
// textBox17
//
this. textBox17. Location = new System. Drawing. Point(94, 185);
this. textBox17. Name = "textBox17";
```

```
this. textBox17. Size = new System. Drawing. Size(276, 21);
this. textBox17. TabIndex = 33;
//
// button1
//
this. button1. Location = new System. Drawing. Point(423, 220);
this. button1. Name = "button1";
this. button1. Size = new System. Drawing. Size(75, 23);
this. button1. TabIndex = 34;
this. button1. Text = "确认";
this. button1. UseVisualStyleBackColor = true;
this. button1. Click += new System. EventHandler(this. button1_Click);
//
// button2
//
this. button2. Location = new System. Drawing. Point(516, 220);
this. button2. Name = "button2";
this. button2. Size = new System. Drawing. Size(75, 23);
this. button2. TabIndex = 35;
this. button2. Text = "取消";
this. button2. UseVisualStyleBackColor = true;
this. button2. Click += new System. EventHandler(this. button2_Click);
//
// detailForm
//
this. AutoScaleDimensions = new System. Drawing. SizeF(6F, 12F);
this. AutoScaleMode = System. Windows. Forms. AutoScaleMode. Font;
this. ClientSize = new System. Drawing. Size(606, 252);
this. Controls. Add(this. button2);
this. Controls. Add(this. button1);
this. Controls. Add(this. textBox17);
this. Controls. Add(this. label17);
this. Controls. Add(this. textBox16);
this. Controls. Add(this. label16);
this. Controls. Add(this. textBox15);
this. Controls. Add(this. label15);
this. Controls. Add(this. textBox14);
this. Controls. Add(this. label14);
this. Controls. Add(this. textBox13);
this. Controls. Add(this. label13);
this. Controls. Add(this. textBox12);
this. Controls. Add(this. label12);
this. Controls. Add(this. textBox11);
this. Controls. Add(this. label11);
this. Controls. Add(this. textBox10);
```

```
        this.Controls.Add(this.label10);
        this.Controls.Add(this.textBox9);
        this.Controls.Add(this.label9);
        this.Controls.Add(this.textBox8);
        this.Controls.Add(this.label8);
        this.Controls.Add(this.textBox7);
        this.Controls.Add(this.label7);
        this.Controls.Add(this.textBox6);
        this.Controls.Add(this.label6);
        this.Controls.Add(this.textBox5);
        this.Controls.Add(this.label5);
        this.Controls.Add(this.textBox4);
        this.Controls.Add(this.label4);
        this.Controls.Add(this.textBox3);
        this.Controls.Add(this.label3);
        this.Controls.Add(this.textBox2);
        this.Controls.Add(this.label2);
        this.Controls.Add(this.textBox1);
        this.Controls.Add(this.label1);
        this.FormBorderStyle = System.Windows.Forms.FormBorderStyle.FixedDialog;
        this.MaximizeBox = false;
        this.Name = "detailForm";
        this.StartPosition = System.Windows.Forms.FormStartPosition.CenterParent;
        this.Text = "职工详细信息";
        this.ResumeLayout(false);
        this.PerformLayout();

    }
```

3. 数据操作相关代码

对于数据库操作,可以参照上一节 B/S 模式下人力资源系统实现代码中的数据库操作。这里需要说明的是,无论是 C/S 模式还是 B/S 模式,系统的后台数据库操作方式都可以采用同一种方式。具体代码详见上节中“数据操作相关代码”。

4. 数据库连接操作

对于数据库连接操作,可以参照上一节 B/S 模式下人力资源系统实现代码中的数据库连接操作。具体代码详见上节中“数据库连接操作”。

参考文献

[1]张龙祥,黄正瑞,龙军.数据库原理与设计[M].北京:人民邮电出版社,2002.

[2]李建中,王珊.数据库系统原理[M].2 版.北京:水利电力出版社,2004.

[3]张迎新.数据库原理、方法与应用[M].北京:高等教育出版社,2004.

[4]赵永霞.数据库系统原理与应用[M].武汉:武汉大学出版社,2006.

[5]陶树平,李华伦.数据库系统原理与应用[M].北京:科学出版社,2005.

[6]何玉洁.数据库原理与应用[M].北京:机械工业出版社,2007.

[7]陶宏才.数据库原理及设计[M].2 版.北京:清华大学出版社,2007.

[8]普雷斯曼. 软件工程实践者的研究方法[M].6 版.郑人杰,译.北京:机械工业出版社,2007.